1 約数・約分・倍数

| 月 日 | 名前 | はじめ 時 分 おわり 時 分 |

1 各組の最大公約数を求めましょう。 〔1問 2点〕

| 例 | 最大公約数 | 両方に共通の約数を公約数といい，いちばん大きい公約数を最大公約数といいます。 |

（12，16）→ 4

❶ （ 8 ， 12 ） → ☐

❷ （12， 18 ） → ☐

❸ （16， 24 ） → ☐

❹ （20， 32 ） → ☐

❺ （24， 36 ） → ☐

❻ （30， 45 ） → ☐

❼ （25， 50 ） → ☐

❽ （48， 60 ） → ☐

❾ （48， 64 ） → ☐

❿ （36， 54 ） → ☐

2 約分しましょう。 〔1問 2点〕

| 例 | $\dfrac{12}{16} = \dfrac{3}{4}$ |

❶ $\dfrac{8}{12} =$

❷ $\dfrac{12}{18} =$

❸ $\dfrac{20}{32} =$

❹ $\dfrac{30}{45} =$

❺ $\dfrac{48}{64} =$

❻ $\dfrac{21}{56} =$

❼ $\dfrac{3}{39} =$

❽ $\dfrac{18}{66} =$

❾ $\dfrac{44}{55} =$

❿ $\dfrac{65}{78} =$

JN050748

くもん出版

3 各組の最小公倍数を求めましょう。

例	最小公倍数	両方に共通の倍数を公倍数といい，いちばん小さい公倍数を最小公倍数といいます。
（8，12）→	24	

❶ （4，6）→ ⬜

❷ （6，9）→ ⬜

❸ （6，10）→ ⬜

❹ （9，12）→ ⬜

❺ （10，12）→ ⬜

❻ （10，15）→ ⬜

❼ （4，10）→ ⬜

❽ （9，15）→ ⬜

❾ （5，10）→ ⬜

❿ （8，14）→ ⬜

⑪ （12，16）→ ⬜

⑫ （12，18）→ ⬜

⑬ （8，20）→ ⬜

⑭ （12，20）→ ⬜

⑮ （16，20）→ ⬜

⑯ （14，28）→ ⬜

⑰ （15，30）→ ⬜

⑱ （16，24）→ ⬜

⑲ （20，24）→ ⬜

⑳ （36，42）→ ⬜

© くもん出版

5年生の復習だよ。まちがえた問題は，もう一度やり直してみよう。

点

| 月　　日 | 名前 | はじめ　　時　　分 | おわり　　時　　分 |

1 計算をしましょう。　〔1問　5点〕

① $\dfrac{3}{8}+\dfrac{1}{4}=$

② $\dfrac{2}{3}+\dfrac{2}{9}=$

③ $\dfrac{3}{4}+\dfrac{1}{6}=$

④ $\dfrac{1}{6}+\dfrac{3}{10}=$

⑤ $\dfrac{3}{8}+\dfrac{5}{12}=$

⑥ $\dfrac{1}{6}+\dfrac{5}{8}=$

⑦ $\dfrac{2}{3}+\dfrac{3}{5}=$

⑧ $\dfrac{1}{2}+\dfrac{5}{6}=$

⑨ $\dfrac{2}{3}+\dfrac{11}{18}=$

⑩ $\dfrac{7}{10}+\dfrac{7}{15}=$

2 計算をしましょう。

① $2\frac{1}{3}+1\frac{1}{4}=$

② $1\frac{1}{6}+2\frac{1}{8}=$

③ $1\frac{2}{3}+1\frac{5}{7}=$

④ $3\frac{1}{3}+1\frac{7}{9}=$

⑤ $\frac{2}{5}+1\frac{11}{12}=$

⑥ $2\frac{5}{8}+\frac{7}{10}=$

⑦ $\frac{2}{3}+1\frac{5}{6}=$

⑧ $1\frac{1}{6}+\frac{17}{18}=$

⑨ $2\frac{4}{5}+1\frac{7}{10}=$

⑩ $2\frac{5}{6}+1\frac{7}{15}=$

© くもん出版

5年生の復習だよ。まちがえた問題はもう一度やり直してみよう。

4

点

1 計算をしましょう。 〔1問 5点〕

① $\dfrac{1}{3} - \dfrac{2}{9} =$

② $\dfrac{3}{5} - \dfrac{2}{15} =$

③ $\dfrac{5}{12} - \dfrac{1}{8} =$

④ $\dfrac{5}{6} - \dfrac{1}{10} =$

⑤ $\dfrac{5}{6} - \dfrac{3}{8} =$

⑥ $\dfrac{5}{8} - \dfrac{7}{24} =$

⑦ $2\dfrac{4}{5} - 1\dfrac{2}{3} =$

⑧ $3\dfrac{5}{8} - 1\dfrac{1}{4} =$

⑨ $3\dfrac{2}{3} - 2\dfrac{1}{8} =$

⑩ $4\dfrac{7}{9} - 1\dfrac{5}{18} =$

2 計算をしましょう。

① $2\dfrac{1}{4} - \dfrac{1}{3} =$

⑥ $3\dfrac{3}{4} - 1\dfrac{7}{9} =$

② $2\dfrac{3}{5} - \dfrac{7}{10} =$

⑦ $4\dfrac{9}{10} - 3\dfrac{7}{12} =$

③ $1\dfrac{1}{6} - \dfrac{1}{3} =$

⑧ $3\dfrac{5}{18} - 1\dfrac{4}{9} =$

④ $2\dfrac{1}{2} - \dfrac{7}{10} =$

⑨ $2\dfrac{5}{12} - 1\dfrac{2}{3} =$

⑤ $3\dfrac{2}{9} - \dfrac{7}{18} =$

⑩ $3\dfrac{1}{6} - 1\dfrac{3}{14} =$

© くもん出版

5年生の復習だよ。まちがえた問題はもう一度やり直してみよう。

6

点

| 月 日 | 名前 | はじめ 時 分 | おわり 時 分 |

1 各組の最小公倍数を求めましょう。　〔1問　3点〕

| 例 | 最小公倍数 |
| （ 4 , 6 , 9 ） → | 36 |

❶ （ 2 , 3 , 9 ） → ☐   ❻ （ 3 , 5 , 12 ） → ☐

❷ （ 2 , 4 , 6 ） → ☐   ❼ （ 3 , 6 , 10 ） → ☐

❸ （ 2 , 5 , 10 ） → ☐   ❽ （ 3 , 8 , 16 ） → ☐

❹ （ 2 , 6 , 9 ） → ☐   ❾ （ 4 , 6 , 12 ） → ☐

❺ （ 3 , 4 , 8 ） → ☐   ❿ （ 8 , 9 , 24 ） → ☐

2 計算をしましょう。　〔1問　5点〕

❶ $\dfrac{1}{2}+\dfrac{1}{8}+\dfrac{1}{12}=$ ❸ $3\dfrac{1}{3}+\dfrac{1}{4}+\dfrac{5}{6}=$

❷ $\dfrac{1}{2}+\dfrac{3}{4}+\dfrac{1}{6}=$ ❹ $1\dfrac{1}{6}+2\dfrac{1}{8}+\dfrac{7}{12}=$

© くもん出版

7

3 計算をしましょう。 〔1問 5点〕

① $\dfrac{1}{2}+\dfrac{1}{3}-\dfrac{1}{6}=$

② $\dfrac{3}{4}+\dfrac{1}{6}-\dfrac{1}{3}=$

③ $\dfrac{7}{8}-\dfrac{1}{2}-\dfrac{1}{6}=$

④ $\dfrac{2}{3}-\dfrac{1}{4}-\dfrac{1}{8}=$

⑤ $\dfrac{5}{6}-\dfrac{1}{3}+\dfrac{3}{8}=$

⑥ $\dfrac{5}{6}+1\dfrac{2}{3}-\dfrac{1}{4}=$

⑦ $1\dfrac{1}{8}-\dfrac{1}{4}+\dfrac{1}{2}=$

⑧ $2\dfrac{1}{3}-1\dfrac{3}{4}+\dfrac{5}{6}=$

⑨ $5\dfrac{1}{9}+\dfrac{1}{6}-\dfrac{2}{3}=$

⑩ $4\dfrac{5}{12}-1\dfrac{2}{3}-1\dfrac{3}{4}=$

5年生の復習だよ。まちがえた問題はもう一度やり直してみよう。

点

5 分数と小数

むずかしさ
★ ★ ★

| 月 日 | 名前 | はじめ 時 分 | おわり 時 分 |

1 分数を小数に直しましょう。　〔1問　3点〕

① $\dfrac{7}{5}=7\div5$

$=$

④ $\dfrac{3}{100}=$

② $\dfrac{1}{8}=$

⑤ $\dfrac{243}{100}=$

③ $\dfrac{31}{4}=$

⑥ $\dfrac{27}{1000}=$

2 小数を分数に直しましょう。（答えは真分数か帯分数で）　〔1問　4点〕

① $0.6=\dfrac{\square}{10}=$

⑤ $1.2=$

② $0.05=$

⑥ $2.52=$

③ $0.18=$

⑦ $3.125=$

④ $0.032=$

⑧ $14.25=$

© くもん出版

9

❶　$0.5 + \dfrac{1}{6} =$

❻　$\dfrac{1}{2} - 0.3 =$

❷　$0.2 + \dfrac{1}{4} =$

❼　$\dfrac{1}{4} - 0.2 =$

❸　$0.25 + \dfrac{2}{3} =$

❽　$0.8 - \dfrac{3}{4} =$

❹　$3\dfrac{1}{2} + 2.4 =$

❾　$2\dfrac{1}{5} - 0.25 =$

❺　$1\dfrac{1}{3} + 0.3 =$

❿　$2\dfrac{2}{3} - 0.4 =$

5年生の復習だよ。まちがえた問題はもう一度やり直してみよう。

点

| 月 日 | 名前 | はじめ 時 分 おわり 時 分 |

1 次の各組の最大公約数を求めましょう。　〔1問　3点〕

❶ （18，24）→ ☐

❷ （42，56）→ ☐

2 次の分数を約分しましょう。　〔1問　3点〕

❶ $\dfrac{16}{24}=$

❷ $\dfrac{42}{56}=$

3 次の各組の最小公倍数を求めましょう。　〔1問　3点〕

❶ （32，40）→ ☐

❸ （14，21）→ ☐

❷ （18，30）→ ☐

❹ （10，12）→ ☐

4 次の計算をしましょう。　〔1問　4点〕

❶ $5\dfrac{1}{4}+2\dfrac{11}{12}=$

❸ $\dfrac{1}{6}+\dfrac{9}{10}=$

❷ $\dfrac{4}{15}+\dfrac{3}{20}=$

❹ $2\dfrac{7}{12}+3\dfrac{8}{15}=$

5 次の計算をしましょう。　〔1問　4点〕

❶ $4\dfrac{1}{3}-1\dfrac{2}{5}=$

❸ $\dfrac{1}{2}-\dfrac{3}{10}=$

❷ $3\dfrac{3}{10}-\dfrac{22}{35}=$

❹ $3\dfrac{7}{15}-1\dfrac{11}{18}=$

6 次の各組の最小公倍数を求めましょう。　〔1問　4点〕

❶　(3 , 4 , 10) → ☐　　　❷　(6 , 8 , 16) → ☐

7 次の計算をしましょう。　〔1問　5点〕

❶　$\dfrac{1}{4} + \dfrac{3}{8} + \dfrac{1}{12} =$

❸　$3\dfrac{1}{6} - 2\dfrac{3}{4} + 1\dfrac{2}{3} =$

❷　$2\dfrac{1}{9} + \dfrac{5}{6} - \dfrac{2}{3} =$

❹　$4\dfrac{1}{5} - 1\dfrac{3}{10} - \dfrac{7}{15} =$

8 次の分数を小数に直しましょう。　〔1問　3点〕

❶　$\dfrac{43}{20} =$

❷　$\dfrac{3}{8} =$

9 小数を分数に直して次の計算をしましょう。　〔1問　5点〕

❶　$1.25 + 2\dfrac{2}{5} =$

❷　$4.2 - 1\dfrac{1}{2} =$

答え合わせをして点数をつけてから，72ページの
アドバイス を読もう。

☐ 点

月　　日　　名前

はじめ　　時　　分　　おわり　　時　　分

1 計算をしましょう。　　　　　　　　　　　　　　〔1問　5点〕

例
$$\frac{2}{3} \times \frac{4}{5} = \frac{2 \times 4}{3 \times 5} = \frac{8}{15}$$

① $\dfrac{2}{3} \times \dfrac{4}{7} = \dfrac{2 \times 4}{3 \times 7} = \dfrac{\square}{21}$

⑥ $\dfrac{2}{3} \times \dfrac{1}{5} =$

② $\dfrac{3}{5} \times \dfrac{1}{2} =$

⑦ $\dfrac{1}{5} \times \dfrac{3}{4} =$

③ $\dfrac{1}{4} \times \dfrac{3}{5} =$

⑧ $\dfrac{3}{4} \times \dfrac{3}{7} =$

④ $\dfrac{1}{4} \times \dfrac{5}{6} =$

⑨ $\dfrac{3}{7} \times \dfrac{2}{5} =$

⑤ $\dfrac{1}{3} \times \dfrac{5}{7} =$

⑩ $\dfrac{3}{5} \times \dfrac{3}{8} =$

① $\dfrac{2}{5} \times \dfrac{3}{7} =$

② $\dfrac{4}{7} \times \dfrac{3}{5} =$

③ $\dfrac{3}{7} \times \dfrac{3}{8} =$

④ $\dfrac{1}{6} \times \dfrac{5}{7} =$

⑤ $\dfrac{5}{6} \times \dfrac{1}{8} =$

⑥ $\dfrac{5}{6} \times \dfrac{5}{7} =$

⑦ $\dfrac{5}{6} \times \dfrac{7}{9} =$

⑧ $\dfrac{2}{7} \times \dfrac{4}{9} =$

⑨ $\dfrac{3}{8} \times \dfrac{5}{7} =$

⑩ $\dfrac{7}{8} \times \dfrac{5}{9} =$

まちがいが多いようなら〈例〉をよく見て，分数のかけ算のしかたをたしかめておこう。

点

分数のかけ算（2）

月　　日　　名前

はじめ　時　分　おわり　時　分

1 計算をしましょう。（と中で約分しましょう。）　〔1問　5点〕

例

$$\frac{6}{7} \times \frac{5}{9} = \frac{\overset{2}{\cancel{6}} \times 5}{7 \times \underset{3}{\cancel{9}}} = \frac{10}{21}$$

$$\frac{6}{9} = \frac{2}{3}$$

① $\frac{3}{4} \times \frac{5}{6} = \frac{\overset{1}{\cancel{3}} \times 5}{4 \times \underset{2}{\cancel{6}}} = \frac{\square}{8}$

⑥ $\frac{3}{4} \times \frac{4}{5} =$

② $\frac{3}{5} \times \frac{4}{9} = \frac{\overset{1}{\cancel{3}} \times 4}{5 \times \underset{3}{\cancel{9}}} = \frac{4}{\boxed{}}$

⑦ $\frac{4}{5} \times \frac{5}{7} =$

③ $\frac{2}{3} \times \frac{1}{4} =$

⑧ $\frac{2}{3} \times \frac{6}{7} =$

④ $\frac{3}{5} \times \frac{1}{6} =$

⑨ $\frac{5}{6} \times \frac{4}{7} =$

⑤ $\frac{4}{5} \times \frac{1}{2} =$

⑩ $\frac{1}{4} \times \frac{6}{7} =$

2 と中で約分して，計算をしましょう。 〔1問　5点〕

① $\dfrac{3}{8} \times \dfrac{2}{5} =$

⑥ $\dfrac{5}{9} \times \dfrac{4}{5} =$

② $\dfrac{4}{5} \times \dfrac{3}{8} =$

⑦ $\dfrac{9}{10} \times \dfrac{1}{6} =$

③ $\dfrac{5}{8} \times \dfrac{2}{3} =$

⑧ $\dfrac{6}{7} \times \dfrac{3}{10} =$

④ $\dfrac{6}{7} \times \dfrac{5}{8} =$

⑨ $\dfrac{7}{12} \times \dfrac{8}{9} =$

⑤ $\dfrac{7}{8} \times \dfrac{5}{7} =$

⑩ $\dfrac{4}{11} \times \dfrac{5}{6} =$

計算のと中できちんと約分しているかな。もう一度見直してみよう。

点

月　　日　　名前

はじめ　時　分　おわり　時　分

1 と中で約分して，計算をしましょう。　　　〔1問　5点〕

例

$$\frac{3}{4} \times \frac{8}{9} = \frac{\overset{1}{\cancel{3}}}{\underset{1}{\cancel{4}}} \times \frac{\overset{2}{\cancel{8}}}{\underset{3}{\cancel{9}}}$$

$$= \frac{2}{3}$$

① $\dfrac{2}{3} \times \dfrac{3}{4} = \dfrac{\overset{\square}{\cancel{2}}}{\underset{1}{\cancel{3}}} \times \dfrac{\overset{1}{\cancel{3}}}{\underset{\square}{\cancel{4}}}$

$=$

② $\dfrac{4}{5} \times \dfrac{5}{12} =$

③ $\dfrac{5}{6} \times \dfrac{9}{10} =$

④ $\dfrac{3}{10} \times \dfrac{5}{6} =$

⑤ $\dfrac{3}{4} \times \dfrac{8}{9} =$

⑥ $\dfrac{7}{9} \times \dfrac{3}{7} =$

⑦ $\dfrac{3}{14} \times \dfrac{7}{9} =$

⑧ $\dfrac{3}{10} \times \dfrac{5}{12} =$

2 と中で約分して，計算をしましょう。 〔1問 6点〕

① $\dfrac{3}{5} \times \dfrac{5}{6} =$

⑥ $\dfrac{5}{8} \times \dfrac{2}{15} =$

② $\dfrac{4}{7} \times \dfrac{7}{8} =$

⑦ $\dfrac{8}{15} \times \dfrac{5}{12} =$

③ $\dfrac{3}{4} \times \dfrac{8}{15} =$

⑧ $\dfrac{7}{12} \times \dfrac{9}{14} =$

④ $\dfrac{7}{10} \times \dfrac{5}{14} =$

⑨ $\dfrac{7}{18} \times \dfrac{15}{28} =$

⑤ $\dfrac{5}{6} \times \dfrac{18}{25} =$

⑩ $\dfrac{9}{16} \times \dfrac{20}{27} =$

答えを書き終わったら見直しをして，まちがいを少なくしよう。

点

月　日　名前

1 計算をしましょう。　　〔1問　5点〕

① $\dfrac{2}{3} \times \dfrac{4}{5} =$

② $\dfrac{6}{7} \times \dfrac{2}{9} =$

③ $\dfrac{3}{4} \times \dfrac{8}{9} =$

④ $\dfrac{6}{7} \times \dfrac{3}{4} =$

⑤ $\dfrac{2}{9} \times \dfrac{4}{7} =$

⑥ $\dfrac{7}{9} \times \dfrac{2}{7} =$

⑦ $\dfrac{5}{8} \times \dfrac{4}{15} =$

⑧ $\dfrac{5}{12} \times \dfrac{3}{10} =$

⑨ $\dfrac{9}{14} \times \dfrac{7}{8} =$

⑩ $\dfrac{9}{16} \times \dfrac{4}{15} =$

© くもん出版

2 計算をしましょう。 〔1問 5点〕

① $\dfrac{3}{4} \times \dfrac{2}{5} =$

② $\dfrac{3}{4} \times \dfrac{6}{5} =$

③ $\dfrac{1}{2} \times \dfrac{3}{5} =$

④ $\dfrac{2}{3} \times \dfrac{4}{7} =$

⑤ $\dfrac{3}{4} \times \dfrac{5}{7} =$

⑥ $\dfrac{5}{12} \times \dfrac{10}{9} =$

⑦ $\dfrac{5}{4} \times \dfrac{8}{15} =$

⑧ $\dfrac{3}{4} \times \dfrac{8}{9} =$

⑨ $\dfrac{4}{9} \times \dfrac{15}{14} =$

⑩ $\dfrac{9}{8} \times \dfrac{4}{15} =$

まちがえた問題はやり直して，どこでまちがえたのか
をよくたしかめておこう。

点

分数のかけ算（5）

月　　日	名前		はじめ　　時　　分	おわり　　時　　分

1 計算をしましょう。　　　　　　　　　　　　　　　　　　〔1問　6点〕

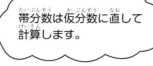

例

$$2\frac{3}{4} \times \frac{1}{3} = \frac{11}{4} \times \frac{1}{3}$$
$$= \frac{11}{12}$$

帯分数は仮分数に直して計算します。

① $2\frac{1}{3} \times \frac{1}{4} = \frac{\square}{3} \times \frac{1}{4}$

$=$

② $1\frac{2}{5} \times \frac{1}{4} =$

③ $3\frac{1}{3} \times \frac{2}{7} =$

④ $\frac{1}{7} \times 5\frac{1}{2} = \frac{1}{7} \times \frac{\boxed{}}{2}$

$=$

⑤ $\frac{1}{6} \times 4\frac{1}{3} =$

⑥ $\frac{2}{7} \times 2\frac{1}{5} =$

⑦ $2\frac{1}{2} \times 2\frac{1}{3} =$

⑧ $2\frac{3}{5} \times 1\frac{1}{6} =$

⑨ $1\frac{3}{8} \times 1\frac{2}{3} =$

⑩ $1\frac{3}{5} \times 2\frac{1}{9} =$

2 計算をしましょう。（と中で約分しましょう。） 〔1問　5点〕

例

$$2\frac{2}{3} \times \frac{1}{4} = \frac{8}{3} \times \frac{1}{4}$$

$$= \frac{\overset{2}{\cancel{8}}}{3} \times \frac{1}{\underset{1}{\cancel{4}}} = \frac{2}{3}$$

① $2\frac{1}{3} \times \frac{3}{4} = \frac{7}{3} \times \frac{\cancel{3}}{4}$

$$= \frac{\square}{4} =$$

⑤ $1\frac{1}{2} \times \frac{4}{5} =$

② $\frac{6}{11} \times 1\frac{1}{3} =$

⑥ $\frac{3}{4} \times 2\frac{2}{5} =$

③ $2\frac{1}{2} \times \frac{4}{11} =$

⑦ $1\frac{7}{8} \times \frac{2}{5} =$

④ $\frac{2}{7} \times 2\frac{1}{3} =$

⑧ $\frac{7}{15} \times 1\frac{3}{7} =$

答えを書き終わったら見直しをして，まちがいを少なくしよう。

22

点

むずかしさ
★ ★ ☆

| 月 日 | 名前 | はじめ 時 分 | おわり 時 分 |

1 と中で約分して，計算をしましょう。　　　　　〔1問　5点〕

例

$$1\frac{3}{5} \times 4\frac{1}{2} = \frac{8}{5} \times \frac{9}{2}$$

$$= \frac{\overset{4}{\cancel{8}}}{5} \times \frac{9}{\underset{1}{\cancel{2}}} = \frac{36}{5} = 7\frac{1}{5}$$

① $1\frac{3}{7} \times 2\frac{1}{5} =$

⑤ $1\frac{1}{2} \times 1\frac{1}{3} =$

② $3\frac{1}{5} \times 1\frac{3}{4} =$

⑥ $1\frac{2}{3} \times 1\frac{1}{5} =$

③ $2\frac{1}{9} \times 2\frac{1}{4} =$

⑦ $2\frac{2}{5} \times 1\frac{7}{8} =$

④ $2\frac{1}{6} \times 1\frac{5}{7} =$

⑧ $2\frac{1}{7} \times 3\frac{1}{9} =$

2 計算をしましょう。　　　　　　　　　　　　　　　　　　　〔1問　6点〕

① $2\dfrac{2}{7} \times \dfrac{2}{3} =$

⑥ $\dfrac{2}{3} \times 1\dfrac{1}{2} =$

② $1\dfrac{5}{6} \times \dfrac{5}{9} =$

⑦ $\dfrac{2}{9} \times 2\dfrac{5}{8} =$

③ $1\dfrac{3}{5} \times 2\dfrac{5}{6} =$

⑧ $\dfrac{7}{12} \times 1\dfrac{1}{2} =$

④ $1\dfrac{3}{4} \times 2\dfrac{2}{7} =$

⑨ $1\dfrac{2}{5} \times 3\dfrac{4}{7} =$

⑤ $1\dfrac{1}{7} \times \dfrac{5}{8} =$

⑩ $2\dfrac{2}{9} \times 1\dfrac{7}{8} =$

24　答えを書き終わったら見直しをして，まちがいを少なくしよう。

点

| 月 日 | 名前 | はじめ 時 分 | おわり 時 分 |

1 計算をしましょう。　　　　　　　　　　　　〔1問 5点〕

例

$$\frac{2}{7} \times 3 = \frac{2}{7} \times \frac{3}{1}$$
$$= \frac{2 \times 3}{7} = \frac{6}{7}$$

整数は $\frac{\square}{1}$ の形の分数に直して計算します。

① $\frac{3}{7} \times 2 =$

② $\frac{4}{9} \times 2 =$

③ $5 \times \frac{2}{13} = \frac{\square}{13}$

④ $4 \times \frac{3}{17} =$

⑤ $\frac{2}{11} \times 3 =$

⑥ $3 \times \frac{3}{5} =$

⑦ $2\frac{1}{3} \times 4 = \frac{\square}{3} \times 4$

$$= \frac{\square}{3} =$$

⑧ $1\frac{3}{5} \times 3 =$

⑨ $3 \times 1\frac{3}{4} =$

⑩ $4 \times 2\frac{2}{7} =$

2 と中で約分して，計算をしましょう。 〔1問 5点〕

例

$$\frac{1}{8}\times 6 = \frac{1}{\overset{}{\underset{4}{8}}}\times \overset{3}{6} = \frac{3}{4}$$

① $\dfrac{1}{6}\times 3 =$

② $\dfrac{5}{12}\times 2 =$

③ $\dfrac{3}{14}\times 2 =$

④ $8\times \dfrac{1}{20} =$

⑤ $6\times \dfrac{2}{21} =$

⑥ $8\times \dfrac{5}{12} =$

⑦ $2\dfrac{1}{4}\times 2 = \dfrac{\square}{4}\times 2$

$=$

⑧ $1\dfrac{3}{8}\times 4 =$

⑨ $4\times 1\dfrac{1}{6} =$

⑩ $6\times 1\dfrac{1}{9} =$

© くもん出版

まちがえた問題はやり直して，どこでまちがえたのかをよくたしかめておこう。

点

むずかしさ

月　日　名前

はじめ　時　分　おわり　時　分

1 計算をしましょう。　〔1問　5点〕

① $\dfrac{1}{2} \times \dfrac{3}{4} =$

② $\dfrac{2}{3} \times \dfrac{3}{4} =$

③ $1\dfrac{2}{5} \times \dfrac{3}{4} =$

④ $1\dfrac{2}{3} \times 2\dfrac{2}{5} =$

⑤ $1\dfrac{1}{6} \times 5 =$

⑥ $\dfrac{2}{3} \times 1\dfrac{2}{5} =$

⑦ $\dfrac{1}{4} \times \dfrac{6}{7} =$

⑧ $2\dfrac{1}{3} \times \dfrac{9}{14} =$

⑨ $8 \times 1\dfrac{3}{4} =$

⑩ $3 \times \dfrac{8}{9} =$

© くもん出版

27

2 計算をしましょう。 〔1問 5点〕

① $1\dfrac{1}{3} \times \dfrac{1}{4} =$

② $1\dfrac{1}{2} \times \dfrac{4}{5} =$

③ $\dfrac{3}{4} \times 1\dfrac{1}{5} =$

④ $1\dfrac{1}{7} \times \dfrac{5}{6} =$

⑤ $1\dfrac{1}{9} \times 6 =$

⑥ $1\dfrac{1}{4} \times \dfrac{2}{5} =$

⑦ $\dfrac{6}{7} \times \dfrac{7}{9} =$

⑧ $\dfrac{8}{9} \times 1\dfrac{1}{11} =$

⑨ $3\dfrac{1}{3} \times 1\dfrac{1}{20} =$

⑩ $6\dfrac{3}{5} \times 1\dfrac{3}{22} =$

まちがえた問題はやり直して，どこでまちがえたのか
をよくたしかめておこう。

点

15 分数のわり算（1）

月　日　名前　　　　　　　　　　はじめ　時　分　おわり　時　分

1 計算をしましょう。　　　　〔1問　5点〕

> **例**
> $$\frac{2}{9} \div \frac{3}{7} = \frac{2}{9} \times \frac{7}{3}$$
> $$= \frac{14}{27}$$

分数でわるときは，わる数の逆数（分数の分母と分子を入れかえた数）をかけます。

❶ $\dfrac{2}{5} \div \dfrac{3}{7} = \dfrac{2}{5} \times \dfrac{\square}{3}$

　　$=$

❷ $\dfrac{3}{7} \div \dfrac{4}{5} =$

❸ $\dfrac{2}{7} \div \dfrac{5}{8} =$

❹ $\dfrac{7}{9} \div \dfrac{2}{5} =$

❺ $\dfrac{5}{6} \div \dfrac{3}{7} =$

❻ $\dfrac{5}{8} \div \dfrac{2}{7} =$

❼ $\dfrac{2}{5} \div \dfrac{7}{9} =$

❽ $\dfrac{5}{9} \div \dfrac{4}{7} =$

❾ $\dfrac{4}{7} \div \dfrac{5}{9} =$

❿ $\dfrac{3}{7} \div \dfrac{5}{6} =$

2 計算をしましょう。

① $\dfrac{2}{3} \div \dfrac{3}{7} =$

② $\dfrac{3}{4} \div \dfrac{2}{7} =$

③ $\dfrac{2}{7} \div \dfrac{5}{9} =$

④ $\dfrac{1}{4} \div \dfrac{2}{3} =$

⑤ $\dfrac{2}{3} \div \dfrac{1}{5} =$

⑥ $\dfrac{3}{7} \div \dfrac{2}{5} =$

⑦ $\dfrac{4}{5} \div \dfrac{7}{9} =$

⑧ $\dfrac{8}{9} \div \dfrac{7}{10} =$

⑨ $\dfrac{5}{8} \div \dfrac{4}{9} =$

⑩ $\dfrac{7}{12} \div \dfrac{4}{5} =$

© くもん出版

まちがいが多いようなら〈例〉をよく見て，分数のわり算のしかたをたしかめておこう。

30

点

| 月 日 | 名前 | | はじめ 時 分 | おわり 時 分 |

1 計算をしましょう。 〔1問 5点〕

① $1\dfrac{2}{3} \div \dfrac{2}{5} =$

⑥ $1\dfrac{3}{10} \div \dfrac{2}{3} =$

② $1\dfrac{1}{3} \div \dfrac{3}{5} =$

⑦ $1\dfrac{2}{7} \div \dfrac{4}{5} =$

③ $2\dfrac{1}{3} \div \dfrac{3}{7} =$

⑧ $1\dfrac{1}{4} \div \dfrac{2}{3} =$

④ $1\dfrac{1}{2} \div \dfrac{5}{7} =$

⑨ $1\dfrac{1}{8} \div \dfrac{2}{5} =$

⑤ $1\dfrac{3}{4} \div \dfrac{2}{3} =$

⑩ $1\dfrac{2}{7} \div \dfrac{5}{8} =$

2 と中で約分して，計算をしましょう。

例

$$\frac{5}{6} \div \frac{3}{4} = \frac{5}{\underset{3}{6}} \times \frac{\overset{2}{4}}{3} = \frac{10}{9} = 1\frac{1}{9}$$

---

① $\dfrac{4}{5} \div \dfrac{2}{3} = \dfrac{4}{5} \times \dfrac{3}{\underset{1}{2}}$

$\quad =$

② $\dfrac{3}{4} \div \dfrac{3}{7} =$

③ $\dfrac{7}{8} \div \dfrac{5}{8} =$

④ $\dfrac{2}{3} \div \dfrac{2}{7} =$

⑤ $\dfrac{2}{5} \div \dfrac{4}{7} =$

⑥ $\dfrac{5}{6} \div \dfrac{2}{3} =$

⑦ $\dfrac{6}{7} \div \dfrac{4}{5} =$

⑧ $\dfrac{1}{4} \div \dfrac{3}{8} =$

⑨ $\dfrac{1}{4} \div \dfrac{27}{28} =$

⑩ $\dfrac{1}{2} \div \dfrac{13}{18} =$

© くもん出版

計算のと中できちんと約分しているかな。もう一度見直してみよう。

点

分数のわり算（3）

月　日　名前

はじめ　時　分　おわり　時　分

1 と中で約分して，計算をしましょう。　　　　　　　〔1問　5点〕

① $\dfrac{3}{4} \div \dfrac{5}{8} =$

⑥ $\dfrac{7}{8} \div \dfrac{5}{6} =$

② $\dfrac{5}{9} \div \dfrac{2}{3} =$

⑦ $\dfrac{1}{6} \div \dfrac{4}{9} =$

③ $\dfrac{6}{7} \div \dfrac{4}{5} =$

⑧ $\dfrac{2}{5} \div \dfrac{7}{15} =$

④ $\dfrac{1}{3} \div \dfrac{5}{6} =$

⑨ $\dfrac{8}{9} \div \dfrac{10}{11} =$

⑤ $\dfrac{7}{8} \div \dfrac{1}{4} =$

⑩ $\dfrac{3}{10} \div \dfrac{14}{25} =$

© くもん出版

33

2 と中で約分して，計算をしましょう。　　　　　　　　〔1問　5点〕

①　$1\dfrac{1}{3} \div \dfrac{6}{7} =$

⑥　$2\dfrac{2}{7} \div \dfrac{8}{11} =$

②　$2\dfrac{1}{3} \div \dfrac{4}{9} =$

⑦　$1\dfrac{4}{5} \div \dfrac{6}{7} =$

③　$3\dfrac{1}{4} \div \dfrac{5}{8} =$

⑧　$1\dfrac{1}{8} \div \dfrac{5}{6} =$

④　$2\dfrac{4}{5} \div \dfrac{7}{8} =$

⑨　$2\dfrac{2}{7} \div \dfrac{8}{9} =$

⑤　$2\dfrac{5}{9} \div \dfrac{8}{9} =$

⑩　$1\dfrac{3}{5} \div \dfrac{3}{10} =$

まちがえた問題はやり直して，どこでまちがえたのか
をよくたしかめておこう。

点

18 分数のわり算（4）

★ ★ ☆

| 月 日 | 名前 | | はじめ 時 分 | おわり 時 分 |

1 計算をしましょう。　　〔1問　6点〕

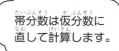

例
$$1\frac{2}{5} \div 2\frac{2}{3} = \frac{7}{5} \div \frac{8}{3}$$
$$= \frac{7}{5} \times \frac{3}{8} = \frac{21}{40}$$

帯分数は仮分数に
直して計算します。

① $1\frac{3}{4} \div 2\frac{2}{3} = \frac{7}{4} \div \frac{\square}{3}$

$=$

② $1\frac{2}{5} \div 2\frac{2}{3} =$

③ $1\frac{3}{7} \div 1\frac{3}{4} =$

④ $1\frac{5}{8} \div 2\frac{1}{3} =$

⑤ $\frac{3}{4} \div 1\frac{2}{3} =$

⑥ $2\frac{3}{5} \div 1\frac{3}{4} =$

⑦ $3\frac{2}{3} \div 1\frac{1}{4} =$

⑧ $\frac{3}{8} \div 1\frac{2}{5} =$

⑨ $1\frac{1}{2} \div 1\frac{1}{3} =$

⑩ $2\frac{1}{3} \div 1\frac{1}{2} =$

© くもん出版

35

2 と中で約分して、計算をしましょう。

> **例**
>
> $$2\frac{1}{3} \div 1\frac{1}{3} = \frac{7}{3} \div \frac{4}{3}$$
>
> $$= \frac{7}{\overset{1}{\cancel{3}}} \times \frac{\overset{1}{\cancel{3}}}{4} = \frac{7}{4} = 1\frac{3}{4}$$

① $\dfrac{2}{3} \div 1\dfrac{1}{6} =$

⑤ $\dfrac{4}{7} \div 1\dfrac{1}{5} =$

② $1\dfrac{1}{5} \div 1\dfrac{1}{2} =$

⑥ $2\dfrac{2}{5} \div 2\dfrac{2}{3} =$

③ $\dfrac{5}{6} \div 1\dfrac{3}{4} =$

⑦ $\dfrac{4}{5} \div 1\dfrac{3}{10} =$

④ $1\dfrac{3}{7} \div 1\dfrac{1}{4} =$

⑧ $2\dfrac{2}{5} \div 1\dfrac{1}{8} =$

© くもん出版

答えを書き終わったら見直しをして、まちがいを少なくしよう。

点

むずかしさ
★ ★ ☆

月　日　名前　　　　　　　はじめ　時　分　おわり　時　分

1 計算をしましょう。　　　　　　　　　　　〔1問　5点〕

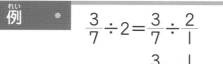

例	$\dfrac{3}{7} \div 2 = \dfrac{3}{7} \div \dfrac{2}{1}$
	$= \dfrac{3}{7} \times \dfrac{1}{2} = \dfrac{3}{14}$

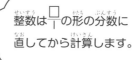

整数は $\dfrac{\square}{1}$ の形の分数に直してから計算します。

① $\dfrac{1}{7} \div 2 =$

② $\dfrac{1}{2} \div 6 =$

③ $2\dfrac{1}{2} \div 3 =$

④ $\dfrac{6}{7} \div 5 =$

⑤ $\dfrac{3}{10} \div 5 =$

⑥ $3 \div \dfrac{4}{5} = 3 \times \dfrac{\square}{4}$

　　$=$

⑦ $4 \div \dfrac{3}{7} =$

⑧ $4 \div \dfrac{3}{5} =$

⑨ $5 \div \dfrac{4}{7} =$

⑩ $4 \div \dfrac{5}{8} =$

2 と中で約分して，計算をしましょう。

例

$$\frac{6}{7} \div 4 = \frac{\overset{3}{\cancel{6}}}{7} \times \frac{1}{\underset{2}{\cancel{4}}}$$

$$= \frac{3}{14}$$

① $\dfrac{4}{7} \div 2 =$

② $\dfrac{6}{7} \div 3 =$

③ $1\dfrac{3}{7} \div 4 =$

④ $\dfrac{9}{10} \div 6 =$

⑤ $\dfrac{9}{20} \div 12 =$

⑥ $3 \div \dfrac{3}{4} =$

⑦ $5 \div \dfrac{5}{9} =$

⑧ $4 \div 2\dfrac{2}{3} = 4 \div \dfrac{\square}{3}$

　　　　$=$

⑨ $6 \div 3\dfrac{1}{3} =$

⑩ $8 \div \dfrac{10}{11} =$

© くもん出版

まちがえた問題はやり直して，どこでまちがえたのか
をよくたしかめておこう。

点

月 日	名前		はじめ 時 分	おわり 時 分

1 と中で約分して，計算をしましょう。　　　　　　　　　〔1問　5点〕

> **例**
>
> $$\dfrac{8}{9} \div \dfrac{4}{15} = \dfrac{\overset{2}{\cancel{8}}}{\underset{3}{\cancel{9}}} \times \dfrac{\overset{5}{\cancel{15}}}{\underset{1}{\cancel{4}}}$$
>
> $$= \dfrac{10}{3} = 3\dfrac{1}{3}$$

① $\dfrac{8}{21} \div \dfrac{4}{7} = \dfrac{\overset{2}{\cancel{8}}}{\underset{\boxed{}}{\cancel{21}}} \times \dfrac{\overset{\boxed{}}{7}}{\underset{1}{\cancel{4}}}$

$$=$$

② $\dfrac{8}{21} \div \dfrac{2}{7} =$

③ $\dfrac{5}{12} \div \dfrac{5}{8} =$

④ $\dfrac{4}{5} \div \dfrac{8}{15} =$

⑤ $\dfrac{9}{10} \div \dfrac{3}{4} =$

⑥ $\dfrac{3}{5} \div \dfrac{9}{10} =$

⑦ $\dfrac{7}{12} \div \dfrac{14}{15} =$

⑧ $\dfrac{20}{27} \div \dfrac{8}{9} =$

2 と中で約分して，計算をしましょう。 〔1問 6点〕

① $2\dfrac{1}{4} \div \dfrac{3}{8} = \dfrac{\boxed{}\,\cancel{9}}{\cancel{4}_{1}} \times \dfrac{\cancel{8}^{2}}{\cancel{3}}$

$\qquad = \boxed{}$

⑥ $1\dfrac{1}{8} \div \dfrac{3}{4} =$

② $1\dfrac{2}{3} \div \dfrac{5}{6} =$

⑦ $2\dfrac{2}{9} \div \dfrac{5}{6} =$

③ $1\dfrac{3}{7} \div \dfrac{5}{14} =$

⑧ $1\dfrac{2}{7} \div \dfrac{9}{14} =$

④ $1\dfrac{5}{7} \div \dfrac{9}{14} =$

⑨ $2\dfrac{2}{5} \div \dfrac{8}{15} =$

⑤ $1\dfrac{1}{4} \div \dfrac{5}{9} =$

⑩ $1\dfrac{1}{20} \div \dfrac{7}{16} =$

計算のと中できちんと約分しているかな。もう一度見直してみよう。

40

点

21 分数のわり算（7）

月　日　名前　　　　　　　はじめ　時　分　おわり　時　分

1 と中で約分して，計算をしましょう。　〔1問　5点〕

例

$$1\frac{5}{9} \div 1\frac{1}{6} = \frac{14}{9} \div \frac{7}{6}$$

$$= \frac{\overset{2}{\cancel{14}}}{\underset{3}{\cancel{9}}} \times \frac{\overset{2}{\cancel{6}}}{\underset{1}{\cancel{7}}} = \frac{4}{3} = 1\frac{1}{3}$$

① $2\frac{2}{3} \div 1\frac{1}{9} =$

⑤ $\frac{5}{9} \div 1\frac{2}{3} =$

② $1\frac{1}{2} \div 2\frac{1}{4} =$

⑥ $\frac{5}{8} \div 3\frac{3}{4} =$

③ $1\frac{1}{3} \div 2\frac{2}{9} =$

⑦ $2\frac{1}{4} \div 1\frac{1}{8} =$

④ $3\frac{1}{2} \div 1\frac{1}{6} =$

⑧ $1\frac{5}{9} \div 2\frac{1}{3} =$

計算をしましょう。 〔1問 6点〕

① $1\dfrac{3}{4} \div \dfrac{5}{6} =$

⑥ $1\dfrac{5}{6} \div 2\dfrac{1}{3} =$

② $\dfrac{4}{5} \div 1\dfrac{3}{5} =$

⑦ $\dfrac{2}{3} \div 1\dfrac{5}{9} =$

③ $6 \div 2\dfrac{1}{4} =$

⑧ $1\dfrac{5}{9} \div 1\dfrac{1}{6} =$

④ $2\dfrac{4}{5} \div 2\dfrac{2}{3} =$

⑨ $2\dfrac{1}{3} \div \dfrac{14}{15} =$

⑤ $1\dfrac{3}{5} \div 2\dfrac{2}{15} =$

⑩ $2\dfrac{1}{4} \div 2\dfrac{5}{8} =$

答えを書き終わったら見直しをして，まちがいを少なくしよう。

点

むずかしさ
★ ★ ★

| 月 日 | 名前 | はじめ 時 分 おわり 時 分 |

1 計算をしましょう。　　　　　　　　　　　　　〔1問 5点〕

❶ $\dfrac{4}{7} \div \dfrac{3}{5} =$

❻ $1\dfrac{4}{5} \div 1\dfrac{1}{5} =$

❷ $\dfrac{5}{6} \div \dfrac{3}{8} =$

❼ $9 \div 2\dfrac{1}{4} =$

❸ $\dfrac{3}{5} \div 9 =$

❽ $\dfrac{8}{21} \div \dfrac{4}{7} =$

❹ $1\dfrac{7}{9} \div 1\dfrac{1}{3} =$

❾ $3\dfrac{1}{2} \div 1\dfrac{3}{4} =$

❺ $\dfrac{5}{8} \div 1\dfrac{1}{4} =$

❿ $2\dfrac{4}{7} \div 1\dfrac{1}{35} =$

2 計算をしましょう。 〔1問 5点〕

① $\dfrac{5}{12} \div \dfrac{3}{4} =$

⑥ $1\dfrac{5}{16} \div 2\dfrac{1}{3} =$

② $2\dfrac{1}{4} \div \dfrac{6}{7} =$

⑦ $\dfrac{7}{12} \div 1\dfrac{5}{9} =$

③ $4\dfrac{1}{2} \div 2\dfrac{1}{2} =$

⑧ $\dfrac{4}{15} \div 1\dfrac{1}{5} =$

④ $1\dfrac{1}{6} \div 4 =$

⑨ $1\dfrac{1}{20} \div 1\dfrac{2}{5} =$

⑤ $8 \div 1\dfrac{1}{9} =$

⑩ $3\dfrac{5}{11} \div 4\dfrac{3}{4} =$

まちがえた問題はやり直して，どこでまちがえたのか
をよくたしかめておこう。

点

月　　日　名前

1 計算をしましょう。

〔1問　5点〕

① $\dfrac{3}{4} \times \dfrac{2}{5} \times \dfrac{5}{9} = \dfrac{\overset{1}{\underset{2}{\cancel{3}}}}{\underset{2}{\cancel{4}}} \times \dfrac{\overset{1}{\cancel{2}}}{\underset{1}{\cancel{5}}} \times \dfrac{\overset{1}{\cancel{5}}}{\underset{3}{\cancel{9}}} = \dfrac{\square}{6}$

⑥ $\dfrac{1}{5} \times \dfrac{2}{3} \times 3\dfrac{1}{2} = \dfrac{1}{5} \times \dfrac{2}{3} \times \dfrac{\square}{2}$

$=$

② $\dfrac{8}{9} \times \dfrac{3}{5} \times \dfrac{1}{4} =$

⑦ $\dfrac{2}{7} \times \dfrac{5}{9} \times 1\dfrac{2}{5} =$

③ $\dfrac{1}{5} \times \dfrac{5}{18} \times \dfrac{3}{4} =$

⑧ $\dfrac{3}{5} \times 1\dfrac{1}{3} \times \dfrac{1}{4} =$

④ $\dfrac{1}{6} \times \dfrac{2}{5} \times \dfrac{3}{7} = \dfrac{1}{\underset{3}{\cancel{6}}} \times \dfrac{\overset{1}{\cancel{2}}}{5} \times \dfrac{3}{7}$

$=$

⑨ $2\dfrac{1}{2} \times \dfrac{2}{3} \times 1\dfrac{4}{5} =$

⑤ $\dfrac{4}{9} \times \dfrac{9}{28} \times \dfrac{7}{11} =$

⑩ $1\dfrac{1}{4} \times 3\dfrac{3}{5} \times \dfrac{2}{3} =$

2 計算をしましょう。 〔1問 5点〕

① $1\dfrac{3}{4} \times \dfrac{2}{5} \times \dfrac{5}{7} =$

⑥ $18 \times \dfrac{5}{6} \times 2 =$

② $\dfrac{8}{9} \times \dfrac{3}{5} \times 3\dfrac{3}{4} =$

⑦ $\dfrac{10}{21} \times 1\dfrac{1}{2} \times 7 =$

③ $1\dfrac{7}{8} \times \dfrac{4}{15} \times 1\dfrac{2}{3} =$

⑧ $1\dfrac{1}{3} \times 1\dfrac{1}{4} \times 5\dfrac{2}{5} =$

④ $1\dfrac{1}{3} \times 3\dfrac{3}{4} \times 5\dfrac{2}{5} =$

⑨ $\dfrac{2}{3} \times 3\dfrac{3}{4} \times 1\dfrac{3}{25} =$

⑤ $\dfrac{1}{5} \times \dfrac{2}{3} \times 3 =$

⑩ $2\dfrac{1}{4} \times 1\dfrac{1}{7} \times 5\dfrac{5}{6} =$

計算のと中できちんと約分しているかな。もう一度見直してみよう。

点

月　日　名前　　　　　　　　はじめ　時　分　おわり　時　分

1 計算をしましょう。　　　　　　　　　　　　　　　〔1問　5点〕

① $\dfrac{5}{7} \times \dfrac{2}{5} \div \dfrac{2}{7} = \dfrac{5}{7} \times \dfrac{2}{5} \times \dfrac{7}{2}$

$= $

⑥ $\dfrac{3}{7} \times 2\dfrac{2}{3} \div 5\dfrac{1}{7} =$

② $\dfrac{5}{7} \times \dfrac{2}{3} \div \dfrac{2}{7} =$

⑦ $\dfrac{3}{7} \div 5\dfrac{1}{7} \times 2\dfrac{2}{3}$

$= \dfrac{\square}{7} \times \dfrac{7}{\square} \times \dfrac{\square}{3} =$

③ $\dfrac{5}{6} \times \dfrac{3}{4} \div \dfrac{5}{8} =$

⑧ $2\dfrac{1}{5} \div 1\dfrac{3}{5} \times 3\dfrac{1}{5} =$

④ $4\dfrac{3}{8} \times \dfrac{4}{21} \div \dfrac{3}{20} =$

⑨ $2\dfrac{1}{5} \times 3\dfrac{1}{5} \div 1\dfrac{3}{5} =$

⑤ $\dfrac{1}{5} \times \dfrac{6}{7} \div 2\dfrac{2}{5}$

$= \dfrac{\square}{5} \times \dfrac{\square}{7} \times \dfrac{5}{\square} =$

⑩ $\dfrac{1}{3} \times \dfrac{3}{5} \div 2 =$

2 計算をしましょう。 〔1問 5点〕

① $\dfrac{7}{24} \div \dfrac{7}{8} \div \dfrac{2}{5} = \dfrac{7}{24} \times \dfrac{8}{7} \times \dfrac{\square}{2}$

$=$

⑥ $\dfrac{7}{24} \div \dfrac{7}{8} \div \dfrac{1}{2} =$

② $4\dfrac{2}{3} \div \dfrac{7}{9} \div 2 =$

⑦ $\dfrac{3}{7} \div \dfrac{3}{8} \times \dfrac{7}{8} =$

③ $\dfrac{4}{5} \div 2\dfrac{2}{3} \div \dfrac{1}{2} =$

⑧ $\dfrac{3}{4} \times \dfrac{2}{3} \div 5 =$

④ $2\dfrac{1}{2} \div 3\dfrac{1}{4} \times 1\dfrac{1}{3} =$

⑨ $6 \div \dfrac{2}{5} \div 10 =$

⑤ $3\dfrac{3}{4} \div 2\dfrac{5}{8} \times \dfrac{1}{5} =$

⑩ $1\dfrac{4}{7} \div 3\dfrac{1}{21} \div 1\dfrac{1}{2} =$

まちがえた問題はやり直して，どこでまちがえたのか
をよくたしかめておこう。

点

（ ），＋，−，×，÷のまじった計算（1）

月　　日	名前		はじめ　　時　　分　おわり　　時　　分

1 計算をしましょう。

〔1問　5点〕

例

$$\left(\frac{2}{3} - \frac{1}{2}\right) \times \frac{6}{7} = \left(\frac{4}{6} - \frac{3}{6}\right) \times \frac{6}{7}$$

$$= \frac{1}{6} \times \frac{\overset{1}{6}}{7} = \frac{1}{7}$$

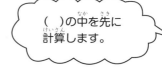

（ ）の中を先に計算します。

---

① $\left(\dfrac{1}{4} + \dfrac{1}{6}\right) \times \dfrac{3}{5} =$

⑥ $\left(\dfrac{1}{2} - \dfrac{1}{3}\right) \div \dfrac{1}{12} =$

② $\left(\dfrac{5}{6} - \dfrac{2}{3}\right) \times 2 =$

⑦ $\dfrac{1}{4} \div \left(\dfrac{1}{8} - \dfrac{1}{16}\right) =$

③ $2 \times \left(\dfrac{1}{2} - \dfrac{1}{3}\right) =$

⑧ $1 \div \left(\dfrac{1}{3} + \dfrac{7}{12}\right) =$

④ $\left(\dfrac{1}{2} + \dfrac{1}{3}\right) \times \dfrac{1}{5} =$

⑨ $1\dfrac{1}{2} \times \left(\dfrac{1}{9} + \dfrac{1}{3}\right) =$

⑤ $\left(\dfrac{1}{2} + \dfrac{1}{3}\right) \div 5 =$

⑩ $\left(1\dfrac{3}{5} - \dfrac{2}{5}\right) \times \dfrac{5}{7} =$

© くもん出版

2 計算をしましょう。

〔1問 5点〕

例

$$3+\frac{1}{3}\times2=3+\frac{2}{3}$$
$$=3\frac{2}{3}$$

＋，－より×，÷を先に計算します。

① $10-\frac{2}{3}\times6=10-\boxed{}$

$$=$$

② $5\times\frac{2}{3}+2\frac{1}{3}=\dfrac{\boxed{}}{3}+2\frac{1}{3}$

$$=\boxed{}\dfrac{\boxed{}}{3}+2\frac{1}{3}$$

$$=$$

③ $\frac{4}{7}\times9+2\frac{5}{7}=$

④ $\frac{5}{6}-\frac{1}{3}\div\frac{1}{2}=$

⑤ $\frac{5}{6}\times\frac{3}{4}+\frac{3}{8}=$

⑥ $4\div8+2\frac{1}{2}=$

⑦ $2\frac{2}{3}+8\div12=$

⑧ $2+2\div\frac{1}{3}=$

⑨ $3\times1\frac{5}{6}-4=$

⑩ $7\frac{1}{9}-3\div3\frac{3}{8}=$

© くもん出版

まちがいが多いようなら〈例〉をよく見て，計算のしかたをたしかめておこう。

50

点

むずかしさ ★ ★ ★

| 月 日 | 名前 | はじめ 時 分 | おわり 時 分 |

1 計算をしましょう。　　〔1問 5点〕

● $\dfrac{2}{5} \times 3 + 1 = \dfrac{\square}{5} + 1$

　　　　　$= \square\dfrac{\square}{5} + 1$

　　　　　$=$

❷ $5 + \dfrac{1}{3} \times 4 =$

❸ $2 + 3 \div \dfrac{6}{7} =$

❹ $\dfrac{1}{6} + 1\dfrac{2}{3} \times 1\dfrac{1}{2} =$

❺ $4\dfrac{1}{6} - 2\dfrac{2}{3} \div 3\dfrac{1}{5} =$

❻ $\dfrac{1}{3} + 2 \div 3 =$

❼ $2\dfrac{1}{5} - \dfrac{2}{3} \times \dfrac{3}{5} =$

❽ $4\dfrac{1}{6} - 3\dfrac{2}{3} \div 2 =$

❾ $1\dfrac{1}{5} \times 3 - \dfrac{2}{5} =$

❿ $1\dfrac{1}{3} \div 3 - \dfrac{5}{18} =$

2 計算をしましょう。 〔1問 5点〕

① $\left(\dfrac{1}{3}+2\right)\times\dfrac{1}{3}=\dfrac{\boxed{}}{3}\times\dfrac{1}{3}$

$=$

② $\dfrac{3}{5}\times\left(2-\dfrac{3}{4}\right)=$

③ $1\dfrac{1}{3}\times7-\dfrac{2}{3}=$

④ $\dfrac{3}{8}\div2-\dfrac{1}{16}=$

⑤ $\dfrac{3}{4}\div\left(2-\dfrac{1}{8}\right)=$

⑥ $1\dfrac{3}{4}\div\left(3-\dfrac{3}{8}\right)=$

⑦ $\dfrac{1}{8}\div3+\dfrac{7}{24}=$

⑧ $\left(\dfrac{1}{2}-\dfrac{1}{3}\right)\times2=$

⑨ $\dfrac{1}{8}\times\left(7-\dfrac{3}{5}\right)=$

⑩ $\left(\dfrac{1}{4}+1\dfrac{3}{5}\right)\div7\dfrac{2}{5}=$

© くもん出版

答えを書き終わったら見直しをして、まちがいを少なくしよう。

52

点

（ ），＋，−，×，÷のまじった計算（3）

| 月 日 | 名前 | 時 分 | 時 分 |

1 計算をしましょう。 　〔1問 5点〕

① $\left(\dfrac{1}{6}+\dfrac{1}{4}\right)\times 2=$

② $\left(\dfrac{1}{6}+\dfrac{1}{4}\right)\div 2=$

③ $3\div\left(\dfrac{1}{6}-\dfrac{1}{9}\right)=$

④ $\left(\dfrac{1}{3}+\dfrac{1}{4}\right)\div\dfrac{1}{5}=$

⑤ $\dfrac{1}{3}+\dfrac{1}{4}\div\dfrac{1}{5}=$

⑥ $\dfrac{1}{5}\times\dfrac{1}{8}\div\dfrac{1}{10}=$

⑦ $\dfrac{7}{8}\div\dfrac{5}{6}\times\dfrac{4}{7}=$

⑧ $2\dfrac{5}{6}\div 1\dfrac{2}{5}\times 1\dfrac{1}{5}=$

⑨ $7\dfrac{1}{2}+3\dfrac{1}{5}\times\dfrac{5}{7}=$

⑩ $\dfrac{2}{9}\times\left(1\dfrac{7}{10}-1\dfrac{1}{4}\right)=$

2 計算をしましょう。

❶ $13 \times 8 + 13 \times 2 = 13 \times (\boxed{} + \boxed{})$

$\qquad = $

❷ $12 \times 15 - 2 \times 15 = (\boxed{} - \boxed{}) \times 15$

$\qquad = $

❸ $48 \div 3 - 42 \div 3 = (\boxed{} - \boxed{}) \div 3$

$\qquad = $

❹ $6 \times 1\frac{1}{2} - 6 \times \frac{1}{3} =$

❺ $6 \times \left(1\frac{1}{2} - \frac{1}{3}\right) =$

❻ $\frac{1}{2} \times 20 + 1\frac{1}{5} \times 20 =$

❼ $\left(\frac{1}{2} + 1\frac{1}{5}\right) \times 20 =$

❽ $\frac{1}{3} \times 8 + \frac{2}{3} \times 8 =$

❾ $12 \times 3\frac{1}{6} - 12 \times \frac{1}{6} =$

❿ $1\frac{1}{2} \div \frac{3}{4} - \frac{1}{3} \div \frac{3}{4} =$

© くもん出版

❹と❺は答えが同じだね。式を比べてみよう。

54

点

（　），＋，－，×，÷のまじった計算（4）

むずかしさ ★★★

月　日　名前

はじめ　時　分　おわり　時　分

1 計算をしましょう。　　　　　　　　　　　〔1問　5点〕

① $\dfrac{1}{3}+\dfrac{1}{2}\times 5=$

⑥ $3-\left(1\dfrac{3}{5}+\dfrac{2}{5}\right)=$

② $\left(\dfrac{1}{3}+\dfrac{1}{2}\right)\times 5=$

⑦ $3-1\dfrac{3}{5}-\dfrac{2}{5}=$

③ $3\times 18+\dfrac{7}{9}\times 18=$

⑧ $\dfrac{1}{4}\div\dfrac{1}{8}\times\dfrac{1}{6}=$

④ $\dfrac{5}{6}\times\dfrac{1}{3}-\dfrac{7}{12}\times\dfrac{1}{3}=$

⑨ $\dfrac{1}{4}\times\dfrac{1}{6}\div\dfrac{1}{8}=$

⑤ $\dfrac{1}{8}\div 4+\dfrac{1}{2}\div 4=$

⑩ $\dfrac{6}{7}\div\dfrac{3}{5}\times\dfrac{7}{10}=$

2 計算をしましょう。 〔1問 5点〕

① $1\frac{5}{6} \times 1\frac{1}{5} \div 1\frac{2}{5} =$

⑥ $\frac{3}{4} \times 6 - \frac{2}{5} \times 3 =$

② $1\frac{5}{6} \div 1\frac{2}{5} \times 1\frac{1}{5} =$

⑦ $\frac{3}{8} \times 5 - 1\frac{1}{6} =$

③ $2 \times 12 - 1\frac{1}{4} \times 12 =$

⑧ $\frac{1}{8} \times 5 - \frac{5}{12} =$

④ $\frac{3}{8} \times 7 - 1\frac{1}{4} =$

⑨ $\frac{3}{5} \times 2 + \frac{3}{5} \times \frac{1}{3} =$

⑤ $\frac{3}{7} \div 6 + \frac{5}{7} \div 5 =$

⑩ $\frac{1}{2} \div 4 + \frac{3}{5} \div 3 =$

答えを書き終わったら見直しをして，まちがいを少なくしよう。

点

| 月　日 | 名前 | | はじめ 時 分 | おわり 時 分 |

1 計算をしましょう。　　　　　　　　　　　　　　〔1問　5点〕

① $1\dfrac{1}{2} \times \dfrac{1}{6} + 1\dfrac{1}{4} \times \dfrac{1}{5} =$

⑥ $\dfrac{4}{5} - 1\dfrac{1}{2} \times \dfrac{1}{9} \times 1\dfrac{1}{5} =$

② $1\dfrac{1}{5} \times \dfrac{1}{18} + \dfrac{2}{3} \times \dfrac{1}{10} =$

⑦ $\dfrac{1}{2} + 1\dfrac{1}{3} \times \dfrac{1}{10} \div \dfrac{1}{6} =$

③ $\dfrac{3}{7} \times \dfrac{1}{2} + \dfrac{2}{21} \div \dfrac{1}{3} =$

⑧ $\dfrac{8}{9} \div \dfrac{2}{3} \times \dfrac{1}{2} - \dfrac{1}{6} =$

④ $\dfrac{5}{6} \div \dfrac{2}{3} - \dfrac{4}{9} \times \dfrac{3}{8} =$

⑨ $\dfrac{4}{9} \div \dfrac{2}{3} \times \dfrac{3}{5} - \dfrac{1}{3} =$

⑤ $4\dfrac{4}{5} \times \dfrac{1}{6} - 1\dfrac{1}{3} \div 2\dfrac{2}{9} =$

⑩ $1\dfrac{2}{3} \times \dfrac{2}{5} \times \dfrac{1}{4} + 3\dfrac{1}{18} =$

2 計算をしましょう。

〔1問 5点〕

❶ $\dfrac{1}{3} - \dfrac{1}{8} \times 1\dfrac{1}{3} + \dfrac{1}{2} =$

❻ $1\dfrac{2}{7} \times \dfrac{2}{9} \times \dfrac{1}{4} \div \dfrac{1}{2} =$

❷ $2\dfrac{3}{4} + \dfrac{1}{2} \times \dfrac{2}{3} - \dfrac{5}{6} =$

❼ $\dfrac{2}{5} \times \dfrac{1}{7} \times 1\dfrac{1}{9} \div \dfrac{1}{7} =$

❸ $\dfrac{1}{18} + \dfrac{1}{4} \div \dfrac{1}{2} + \dfrac{5}{9} =$

❽ $\dfrac{7}{8} \times \dfrac{4}{7} \div \dfrac{5}{9} \div \dfrac{3}{5} =$

❹ $\dfrac{1}{5} + \dfrac{5}{6} \times \dfrac{8}{25} + \dfrac{1}{3} =$

❾ $\dfrac{1}{6} \div \dfrac{2}{5} \times \dfrac{6}{7} \times 2 =$

❺ $2\dfrac{1}{2} - \dfrac{1}{12} \div \dfrac{1}{4} - 1\dfrac{1}{8} =$

❿ $1\dfrac{8}{9} \div \dfrac{3}{7} \div 1\dfrac{3}{4} \times \dfrac{3}{17} =$

© くもん出版

わからなかった問題やむずかしかった問題は，前のほうのページを見ながら，もう一度やってみよう。

点

分数と小数の計算（1）

月　　日　名前

はじめ　時　分　おわり　時　分

1 小数を分数に直して計算をしましょう。　〔1問　5点〕

❶ $0.2 \times \dfrac{5}{6} = \dfrac{2}{10} \times \dfrac{5}{6}$

$= \dfrac{\square}{5} \times \dfrac{5}{6}$

$=$

❷ $0.6 \times \dfrac{2}{3} =$

❸ $0.06 \times \dfrac{20}{21} =$

❹ $0.25 \times 3\dfrac{1}{5} = \dfrac{\square}{4} \times \dfrac{\square}{5}$

$=$

❺ $0.15 \times 40 = \dfrac{\square}{20} \times \dfrac{\square}{1}$

$=$

❻ $\dfrac{5}{28} \times 0.7 =$

❼ $3\dfrac{1}{2} \times 2.5 =$

❽ $2\dfrac{2}{3} \times 0.75 =$

❾ $5\dfrac{1}{3} \times 2.25 =$

❿ $\dfrac{4}{15} \times 1.25 =$

2 <ruby>小<rt>しょう</rt></ruby><ruby>数<rt>すう</rt></ruby>を<ruby>分<rt>ぶん</rt></ruby><ruby>数<rt>すう</rt></ruby>に<ruby>直<rt>なお</rt></ruby>して<ruby>計<rt>けい</rt></ruby><ruby>算<rt>さん</rt></ruby>をしましょう。

〔1問 5点〕

① $0.4 \times \dfrac{5}{8} =$

② $0.07 \times 1\dfrac{3}{7} =$

③ $0.24 \times 3\dfrac{1}{8} =$

④ $1.2 \times 4\dfrac{1}{6} =$

⑤ $12.6 \times 6\dfrac{3}{7} =$

⑥ $\dfrac{3}{4} \times 0.8 =$

⑦ $2\dfrac{6}{7} \times 0.28 =$

⑧ $4\dfrac{2}{7} \times 5.6 =$

⑨ $2\dfrac{2}{9} \times 2.34 =$

⑩ $3\dfrac{1}{8} \times 25.6 =$

<ruby>答<rt>こた</rt></ruby>えを<ruby>書<rt>か</rt></ruby>き<ruby>終<rt>お</rt></ruby>わったら<ruby>見<rt>み</rt></ruby><ruby>直<rt>なお</rt></ruby>しをして，まちがいを<ruby>少<rt>すく</rt></ruby>なくしよう。

点

月　日　名前

1 小数を分数に直して計算をしましょう。　〔1問　5点〕

① $0.6 \div \dfrac{2}{3} = \dfrac{3}{5} \div \dfrac{2}{3}$

$= \dfrac{3}{5} \times \dfrac{3}{2}$

$=$

② $0.8 \div \dfrac{2}{3} =$

③ $2.4 \div \dfrac{8}{9} =$

④ $0.75 \div \dfrac{3}{4} =$

⑤ $1.25 \div \dfrac{5}{6} =$

⑥ $1\dfrac{2}{3} \div 0.5 = \dfrac{5}{3} \div \dfrac{1}{2}$

$= \dfrac{5}{3} \times \dfrac{2}{1}$

$=$

⑦ $\dfrac{2}{5} \div 0.8 =$

⑧ $\dfrac{3}{4} \div 0.15 =$

⑨ $4\dfrac{1}{2} \div 0.18 =$

⑩ $6\dfrac{1}{4} \div 1.25 =$

小数を分数に直して計算をしましょう。 〔1問 5点〕

① $0.25 \div \dfrac{2}{3} =$

⑥ $\dfrac{2}{3} \div 0.25 =$

② $0.45 \div \dfrac{3}{10} =$

⑦ $\dfrac{5}{6} \div 2.5 =$

③ $1.25 \div 2\dfrac{1}{7} =$

⑧ $2\dfrac{2}{7} \div 3.2 =$

④ $10.8 \div 5\dfrac{2}{5} =$

⑨ $2\dfrac{3}{10} \div 1.15 =$

⑤ $16.5 \div 2\dfrac{3}{4} =$

⑩ $8\dfrac{1}{4} \div 1.65 =$

まちがえた問題はやり直して，どこでまちがえたのか
をよくたしかめておこう。

点

| 月 日 | 名前 | | はじめ 時 分 | おわり 時 分 |

1 小数を分数に直して計算をしましょう。

〔1問 5点〕

❶ $1\dfrac{1}{3}\times1.5\times\dfrac{5}{8}=\dfrac{\cancel{4}}{\cancel{3}}\times\dfrac{\cancel{3}}{\cancel{2}}\times\dfrac{5}{\cancel{8}}$

$=\dfrac{\square}{4}=1\dfrac{\square}{4}$

❻ $\dfrac{5}{6}\times\dfrac{2}{3}\times0.9=$

❷ $5\dfrac{1}{3}\times2.25\times\dfrac{1}{5}=$

❼ $\dfrac{2}{3}\times1.2\times\dfrac{5}{9}=$

❸ $3\dfrac{4}{7}\times1\dfrac{2}{5}\times1.25=$

❽ $2\dfrac{3}{11}\times0.88\times4=$

❹ $1\dfrac{1}{3}\times5\dfrac{2}{5}\times3.75=$

❾ $1.25\times1\dfrac{1}{25}\times\dfrac{2}{13}=$

❺ $0.2\times\dfrac{5}{6}\times4=$

❿ $\dfrac{8}{9}\times1.8\times3\dfrac{3}{4}\times0.25$

$=$

2 小数を分数に直して計算をしましょう。　　　　　　　　　〔1問　5点〕

① $\dfrac{3}{4} \times \dfrac{3}{5} \div 0.2 =$

② $\dfrac{2}{3} \times 0.6 \div 2 =$

③ $1\dfrac{5}{9} \times 2.7 \div \dfrac{3}{5} =$

④ $5\dfrac{1}{7} \times 2.8 \div \dfrac{2}{5} =$

⑤ $1.3 \div 1\dfrac{7}{15} \times \dfrac{11}{52} =$

⑥ $\dfrac{5}{12} \div 0.25 \div 1\dfrac{2}{3} =$

⑦ $2\dfrac{3}{11} \times 0.88 \div 4 =$

⑧ $4\dfrac{3}{8} \div 5.25 \div \dfrac{3}{20} =$

⑨ $1\dfrac{5}{6} \div 1\dfrac{2}{5} \times 1.2 =$

⑩ $1\dfrac{5}{6} \div 1\dfrac{2}{5} \times 0.12 =$

© くもん出版

答えを書き終わったら見直しをして，まちがいを少なくしよう。

64

点

月　日　名前

はじめ　時　分　おわり　時　分

1 小数を分数に直して計算をしましょう。　　〔1問　5点〕

① $\dfrac{2}{3} \div 0.75 \div 2\dfrac{2}{3} =$

⑥ $0.6 \times 1\dfrac{2}{3} \div 0.42 =$

② $\dfrac{2}{3} \div 7.5 \div 2\dfrac{2}{3} =$

⑦ $\dfrac{1}{16} \div 1.25 \times \dfrac{2}{5} =$

③ $1\dfrac{2}{3} \times \dfrac{5}{6} \div 12.5 =$

⑧ $0.6 \div \dfrac{2}{3} \times \dfrac{4}{9} =$

④ $0.9 \times \dfrac{5}{6} \times 3\dfrac{1}{3} =$

⑨ $1\dfrac{1}{2} \times 1.6 \div 1\dfrac{4}{5} =$

⑤ $1.4 \div 2\dfrac{1}{3} \div 2.4 =$

⑩ $3\dfrac{1}{5} \div 0.48 \times 1.2 =$

2 計算をしましょう。（小数は分数に直して）

① $\left(1\dfrac{4}{5}-0.6\right)\div\dfrac{3}{5}=$

② $\dfrac{2}{7}\times\left(3.7-1\dfrac{1}{4}\right)=$

③ $\dfrac{2}{3}\times1.5\times1\dfrac{7}{8}=$

④ $1.2\times1\dfrac{3}{7}\times0.84=$

⑤ $0.125\times\left(\dfrac{14}{25}+\dfrac{2}{5}\right)=$

⑥ $2.7\div3\dfrac{3}{5}\div1.5=$

⑦ $\left(2\dfrac{1}{4}+1\dfrac{2}{3}\right)\div0.47=$

⑧ $\left(4\dfrac{2}{5}-1\dfrac{7}{8}\right)\div0.6=$

⑨ $0.98\div1\dfrac{1}{6}\div\dfrac{7}{25}=$

⑩ $\left(2\dfrac{3}{5}-1\dfrac{3}{8}\right)\div0.77=$

© くもん出版

まちがえた問題はやり直して，どこでまちがえたのか
をよくたしかめておこう。

点

1 次の計算をしましょう。 〔1問 4点〕

① $1\dfrac{2}{5} \times 1\dfrac{1}{6} =$

④ $1\dfrac{7}{15} \times 1\dfrac{4}{11} =$

② $3\dfrac{1}{2} \times 2\dfrac{1}{7} =$

⑤ $\dfrac{7}{12} \times \dfrac{8}{9} =$

③ $\dfrac{5}{6} \times \dfrac{7}{9} =$

⑥ $2\dfrac{8}{21} \times \dfrac{27}{40} =$

2 次の計算をしましょう。 〔1問 4点〕

① $2\dfrac{2}{5} \div 2\dfrac{2}{3} =$

④ $\dfrac{4}{5} \div \dfrac{7}{10} =$

② $1\dfrac{3}{4} \div \dfrac{2}{3} =$

⑤ $3\dfrac{5}{8} \div 1\dfrac{5}{24} =$

③ $4 \div \dfrac{6}{7} =$

⑥ $1\dfrac{5}{8} \div 2\dfrac{1}{3} =$

3 次の計算をしましょう。 〔1問 4点〕

① $1\dfrac{3}{10} \times 1\dfrac{4}{11} \times \dfrac{11}{52} =$

② $2\dfrac{1}{5} \div 3\dfrac{1}{5} \div 1\dfrac{3}{8} =$

4 小数を分数に直して次の計算をしましょう。 〔1問 5点〕

① $6\dfrac{1}{4} \div 1.25 =$

③ $1\dfrac{1}{3} \times 5\dfrac{2}{5} \times 3.75 =$

② $1.28 \times 3\dfrac{1}{8} =$

④ $1\dfrac{1}{2} \times 0.16 \div 1\dfrac{4}{5} =$

5 次の計算をしましょう。（小数は分数に直して） 〔1問 6点〕

① $2\dfrac{4}{7} + 1.6 \times 1\dfrac{1}{24}$

$=$

③ $2.75 - 2\dfrac{5}{6} \div 4\dfrac{1}{4}$

$=$

② $\left(4\dfrac{2}{9} - 2.8\right) \times 2\dfrac{1}{4}$

$=$

④ $\dfrac{1}{2} \div \left(1.7 - 1\dfrac{1}{2}\right)$

$=$

© くもん出版

答え合わせをして点数をつけてから，80ページの
アドバイス を読もう。

点

発展問題

| 月 日 | 名前 | はじめ 時 分 | おわり 時 分 |

---

1 計算をしましょう。　　　　　　　　　　　　　　　　　〔1問　10点〕

❶　$2\dfrac{4}{7} \div \dfrac{6}{5} - \dfrac{10}{27} \div 6\dfrac{2}{3}$　　　　　　　　　（江戸川学園取手中学校）

　　=

❷　$\dfrac{2}{3} - \left(\dfrac{1}{6} \div \dfrac{2}{5} \div \dfrac{5}{12} - \dfrac{1}{3} \right)$　　　　　　　（浦和実業学園中学校）

　　=

❸　$\dfrac{2}{3} \times \dfrac{3}{13} + \dfrac{2}{5} \times \dfrac{5}{13} - \dfrac{2}{15} \times \dfrac{4}{13}$　　　　　（日本大学中学校）

　　=

❹　$\dfrac{8}{21} + \left(3\dfrac{5}{16} - 2\dfrac{7}{12} \right) \div 1\dfrac{13}{36}$　　　　　　（学習院中等科）

　　=

❺　$2\dfrac{2}{3} - 1\dfrac{2}{5} \times \left\{ \dfrac{1}{2} - \left(\dfrac{3}{4} - \dfrac{2}{3} \right) \right\}$　　　　（実践女子学園中学校）

　　=

2 計算をしましょう。（小数は分数に直して）

〔1問 10点〕

① $2.4 \div \dfrac{8}{15} - 0.7 \times 1\dfrac{6}{7}$ （神奈川大学附属中学校）

=

② $5.5 \div \dfrac{11}{12} + 0.75 \times 2\dfrac{2}{3}$ （自修館中等教育学校）

=

③ $\left(11\dfrac{5}{6} - 11.25\right) \div \left(13\dfrac{2}{3} - 13.5\right)$ （専修大学松戸中学校）

=

④ $2.6 \times 3 \div 3\dfrac{1}{4} + \left(\dfrac{1}{3} - \dfrac{1}{5}\right) \times 4.5$ （中央大学附属中学校）

=

⑤ $\left\{\left(1\dfrac{2}{7} - 0.4\right) \times 2\dfrac{1}{2} \div \dfrac{3}{14} + 0.375\right\} \times 24$ （市川中学校）

=

わからなかった問題やむずかしかった問題は，前のほうのページを見ながら，もう一度やってみよう。

点

① 約数・約分・倍数　　P.1・2

1
①14　⑥15
②6　⑦25
③8　⑧12
④4　⑨16
⑤12　⑩18

3
①12　⑪48
②18　⑫36
③30　⑬40
④36　⑭60
⑤60　⑮80
⑥30　⑯28
⑦20　⑰30
⑧45　⑱48
⑨10　⑲120
⑩56　⑳252

2
①$\frac{2}{3}$　⑥$\frac{3}{8}$
②$\frac{2}{3}$　⑦$\frac{1}{13}$
③$\frac{5}{8}$　⑧$\frac{3}{11}$
④$\frac{2}{3}$　⑨$\frac{4}{5}$
⑤$\frac{3}{4}$　⑩$\frac{5}{6}$

② 分数のたし算　　P.3・4

1
①$\frac{5}{8}$　⑥$\frac{19}{24}$
②$\frac{8}{9}$　⑦$1\frac{4}{15}\left(\frac{19}{15}\right)$
③$\frac{11}{12}$　⑧$1\frac{1}{3}\left(\frac{4}{3}\right)$
④$\frac{7}{15}$　⑨$1\frac{5}{18}\left(\frac{23}{18}\right)$
⑤$\frac{19}{24}$　⑩$1\frac{1}{6}\left(\frac{7}{6}\right)$

2
①$3\frac{7}{12}\left(\frac{43}{12}\right)$　⑥$3\frac{13}{40}\left(\frac{133}{40}\right)$
②$3\frac{7}{24}\left(\frac{79}{24}\right)$　⑦$2\frac{1}{2}\left(\frac{5}{2}\right)$
③$3\frac{8}{21}\left(\frac{71}{21}\right)$　⑧$2\frac{1}{9}\left(\frac{19}{9}\right)$
④$5\frac{1}{9}\left(\frac{46}{9}\right)$　⑨$4\frac{1}{2}\left(\frac{9}{2}\right)$
⑤$2\frac{19}{60}\left(\frac{139}{60}\right)$　⑩$4\frac{3}{10}\left(\frac{43}{10}\right)$

> **アドバイス**　答えが仮分数になるとき，帯分数に直すと大きさがわかりやすくなります。

③ 分数のひき算　　P.5・6

1
①$\frac{1}{9}$　⑥$\frac{1}{3}$
②$\frac{7}{15}$　⑦$1\frac{2}{15}\left(\frac{17}{15}\right)$
③$\frac{7}{24}$　⑧$2\frac{3}{8}\left(\frac{19}{8}\right)$
④$\frac{11}{15}$　⑨$1\frac{13}{24}\left(\frac{37}{24}\right)$
⑤$\frac{11}{24}$　⑩$3\frac{1}{2}\left(\frac{7}{2}\right)$

2
①$1\frac{11}{12}\left(\frac{23}{12}\right)$　⑥$1\frac{35}{36}\left(\frac{71}{36}\right)$
②$1\frac{9}{10}\left(\frac{19}{10}\right)$　⑦$1\frac{19}{60}\left(\frac{79}{60}\right)$
③$\frac{5}{6}$　⑧$1\frac{5}{6}\left(\frac{11}{6}\right)$
④$1\frac{4}{5}\left(\frac{9}{5}\right)$　⑨$\frac{3}{4}$
⑤$2\frac{5}{6}\left(\frac{17}{6}\right)$　⑩$1\frac{20}{21}\left(\frac{41}{21}\right)$

④ 3つの分数のたし算・ひき算　　P.7・8

1
①18　⑥60
②12　⑦30
③10　⑧48
④18　⑨12
⑤24　⑩72

2
①$\frac{17}{24}$　③$4\frac{5}{12}\left(\frac{53}{12}\right)$
②$1\frac{5}{12}\left(\frac{17}{12}\right)$　④$3\frac{7}{8}\left(\frac{31}{8}\right)$

3
①$\frac{2}{3}$　⑥$2\frac{1}{4}\left(\frac{9}{4}\right)$
②$\frac{7}{12}$　⑦$1\frac{3}{8}\left(\frac{11}{8}\right)$
③$\frac{5}{24}$　⑧$1\frac{5}{12}\left(\frac{17}{12}\right)$
④$\frac{7}{18}$　⑨$4\frac{11}{18}\left(\frac{83}{18}\right)$
⑤$\frac{7}{8}$　⑩1

⑤ 分数と小数　　P.9・10

1
①$\frac{7}{5}=7\div5$
　　$=1.4$　④0.03
②0.125　⑤2.43
③7.75　⑥0.027

2
①$0.6=\boxed{\frac{6}{10}}=\frac{3}{5}$　⑤$1\frac{1}{5}$
②$\frac{1}{20}$　⑥$2\frac{13}{25}$
③$\frac{9}{50}$　⑦$3\frac{1}{8}$
④$\frac{4}{125}$　⑧$14\frac{1}{4}$

3 ❶ $\frac{2}{3}$　　❻ $\frac{1}{5}$

❷ $\frac{9}{20}$　　❼ $\frac{1}{20}$

❸ $\frac{11}{12}$　　❽ $\frac{1}{20}$

❹ $5\frac{9}{10}\left(\frac{59}{10}\right)$　❾ $1\frac{19}{20}\left(\frac{39}{20}\right)$

❺ $1\frac{19}{30}\left(\frac{49}{30}\right)$　❿ $2\frac{4}{15}\left(\frac{34}{15}\right)$

⑥ チェックテスト　　P.11・12

1 ❶6　　　❷14

2 ❶ $\frac{2}{3}$　　❷ $\frac{3}{4}$

3 ❶160　　❸42
❷90　　　❹60

4 ❶ $8\frac{1}{6}\left(\frac{49}{6}\right)$　❸ $1\frac{1}{15}\left(\frac{16}{15}\right)$
❷ $\frac{5}{12}$　　❹ $6\frac{7}{60}\left(\frac{367}{60}\right)$

5 ❶ $2\frac{14}{15}\left(\frac{44}{15}\right)$　❸ $\frac{1}{5}$
❷ $2\frac{47}{70}\left(\frac{187}{70}\right)$　❹ $1\frac{77}{90}\left(\frac{167}{90}\right)$

6 ❶60　　　❷48

7 ❶ $\frac{17}{24}$　　❸ $2\frac{1}{12}\left(\frac{25}{12}\right)$
❷ $2\frac{5}{18}\left(\frac{41}{18}\right)$　❹ $2\frac{13}{30}\left(\frac{73}{30}\right)$

8 ❶2.15　　❷0.375

9 ❶ $3\frac{13}{20}\left(\frac{73}{20}\right)$　❷ $2\frac{7}{10}\left(\frac{27}{10}\right)$

> **アドバイス**
>
> ●**85点から100点の人**
> 　まちがえた問題をやり直してから，次のページに進みましょう。
> ●**75点から84点の人**
> 　ここまでのページを，もう一度復習しておきましょう。
> ●**0点から74点の人**
> 　『5年生　分数』で，もう一度復習しておきましょう。

⑦ 分数のかけ算（1）　　P.13・14

1 ❶ $\frac{2}{3}\times\frac{4}{7}=\frac{2\times4}{3\times7}=\frac{\boxed{8}}{21}$　❻ $\frac{2}{15}$

❷ $\frac{3}{5}\times\frac{1}{2}=\frac{3\times1}{5\times2}=\frac{3}{10}$　❼ $\frac{3}{20}$

❸ $\frac{3}{20}$　　❽ $\frac{9}{28}$

❹ $\frac{5}{24}$　　❾ $\frac{6}{35}$

❺ $\frac{5}{21}$　　❿ $\frac{9}{40}$

2 ❶ $\frac{6}{35}$　　❻ $\frac{25}{42}$

❷ $\frac{12}{35}$　　❼ $\frac{35}{54}$

❸ $\frac{9}{56}$　　❽ $\frac{8}{63}$

❹ $\frac{5}{42}$　　❾ $\frac{15}{56}$

❺ $\frac{5}{48}$　　❿ $\frac{35}{72}$

⑧ 分数のかけ算（2）　　P.15・16

1 ❶ $\frac{3}{4}\times\frac{5}{6}=\frac{3\times\overset{1}{5}}{4\times\underset{2}{6}}=\frac{\boxed{5}}{8}$　❻ $\frac{3}{5}$

❷ $\frac{3}{5}\times\frac{4}{9}=\frac{\overset{1}{3}\times4}{5\times\underset{3}{9}}=\frac{4}{\boxed{15}}$　❼ $\frac{4}{7}$

❸ $\frac{2}{3}\times\frac{1}{4}=\frac{\overset{1}{2}\times1}{3\times\underset{2}{4}}=\frac{1}{6}$　❽ $\frac{4}{7}$

❹ $\frac{1}{10}$　　❾ $\frac{10}{21}$

❺ $\frac{2}{5}$　　❿ $\frac{3}{14}$

2 ❶ $\frac{3}{20}$　　❻ $\frac{4}{9}$

❷ $\frac{3}{10}$　　❼ $\frac{3}{20}$

❸ $\frac{5}{12}$　　❽ $\frac{9}{35}$

❹ $\frac{15}{28}$　　❾ $\frac{14}{27}$

❺ $\frac{5}{8}$　　❿ $\frac{10}{33}$

⑨ 分数のかけ算(3)　P.17・18

1
① $\frac{2}{3} \times \frac{3}{4} = \frac{\boxed{1}}{\cancel{3}} \times \frac{3}{\cancel{4}} = \frac{1}{2}$　⑤ $\frac{2}{3}$

② $\frac{1}{3}$　⑥ $\frac{1}{3}$

③ $\frac{3}{4}$　⑦ $\frac{1}{6}$

④ $\frac{1}{4}$　⑧ $\frac{1}{8}$

2
① $\frac{1}{2}$　⑥ $\frac{1}{12}$

② $\frac{1}{2}$　⑦ $\frac{2}{9}$

③ $\frac{2}{5}$　⑧ $\frac{3}{8}$

④ $\frac{1}{4}$　⑨ $\frac{5}{24}$

⑤ $\frac{3}{5}$　⑩ $\frac{5}{12}$

⑩ 分数のかけ算(4)　P.19・20

1
① $\frac{8}{15}$　⑥ $\frac{2}{9}$　　**2** ① $\frac{3}{10}$　⑥ $\frac{25}{54}$

② $\frac{4}{21}$　⑦ $\frac{1}{6}$　　② $\frac{9}{10}$　⑦ $\frac{2}{3}$

③ $\frac{2}{3}$　⑧ $\frac{1}{8}$　　③ $\frac{3}{10}$　⑧ $\frac{2}{3}$

④ $\frac{9}{14}$　⑨ $\frac{9}{16}$　　④ $\frac{8}{21}$　⑨ $\frac{10}{21}$

⑤ $\frac{8}{63}$　⑩ $\frac{3}{20}$　　⑤ $\frac{15}{28}$　⑩ $\frac{3}{10}$

⑪ 分数のかけ算(5)　P.21・22

1
① $2\frac{1}{3} \times \frac{1}{4} = \frac{\boxed{7}}{3} \times \frac{1}{4}$
$= \frac{7}{12}$　⑥ $\frac{22}{35}$

② $1\frac{2}{5} \times \frac{1}{4} = \frac{7}{5} \times \frac{1}{4}$
$= \frac{7}{20}$　⑦ $5\frac{5}{6}\left(\frac{35}{6}\right)$

③ $\frac{20}{21}$　⑧ $3\frac{1}{30}\left(\frac{91}{30}\right)$

④ $\frac{1}{7} \times 5\frac{1}{2} = \frac{1}{7} \times \frac{\boxed{11}}{2}$
$= \frac{11}{14}$　⑨ $2\frac{7}{24}\left(\frac{55}{24}\right)$

⑤ $\frac{1}{6} \times 4\frac{1}{3} = \frac{1}{6} \times \frac{13}{3}$
$= \frac{13}{18}$　⑩ $3\frac{17}{45}\left(\frac{152}{45}\right)$

2
① $2\frac{1}{3} \times \frac{3}{4} = \frac{7}{3} \times \frac{3}{4}$
$= \frac{\boxed{7}}{4} = 1\frac{3}{4}$　⑤ $1\frac{1}{2} \times \frac{4}{5} = \frac{3}{2} \times \frac{\cancel{4}}{5}$
$= \frac{6}{5} = 1\frac{1}{5}$

② $\frac{6}{11} \times 1\frac{1}{3} = \frac{\cancel{6}}{11} \times \frac{4}{\cancel{3}}$
$= \frac{8}{11}$　⑥ $\frac{3}{4} \times 2\frac{2}{5} = \frac{3}{\cancel{4}} \times \frac{\cancel{12}}{5}$
$= \frac{9}{5} = 1\frac{4}{5}$

③ $2\frac{1}{2} \times \frac{4}{11} = \frac{5}{\cancel{2}} \times \frac{\cancel{4}}{11}$
$= \frac{10}{11}$　⑦ $1\frac{7}{8} \times \frac{2}{5} = \frac{\cancel{15}}{\cancel{8}} \times \frac{\cancel{2}}{\cancel{5}}$
$= \frac{3}{4}$

④ $\frac{2}{7} \times 2\frac{1}{3} = \frac{2}{\cancel{7}} \times \frac{\cancel{7}}{3}$
$= \frac{2}{3}$　⑧ $\frac{7}{15} \times 1\frac{3}{7} = \frac{\cancel{7}}{\cancel{15}} \times \frac{\cancel{10}}{\cancel{7}}$
$= \frac{2}{3}$

> **アドバイス**　答えは帯分数まで求めていますが，仮分数のままでもよいです。

⑫ 分数のかけ算(6)　P.23・24

1
① $1\frac{3}{7} \times 2\frac{1}{5} = \frac{\cancel{10}}{7} \times \frac{11}{\cancel{5}}$
$= \frac{22}{7} = 3\frac{1}{7}$　⑤ $1\frac{1}{2} \times 1\frac{1}{3} = \frac{\cancel{3}}{\cancel{2}} \times \frac{\cancel{4}}{\cancel{3}}$
$= 2$

② $5\frac{3}{5}\left(\frac{28}{5}\right)$　⑥ 2

③ $4\frac{3}{4}\left(\frac{19}{4}\right)$　⑦ $2\frac{2}{5} \times 1\frac{7}{8} = \frac{\cancel{12}}{\cancel{5}} \times \frac{\cancel{15}}{\cancel{8}}$
$= \frac{9}{2} = 4\frac{1}{2}$

④ $3\frac{5}{7}\left(\frac{26}{7}\right)$　⑧ $2\frac{1}{7} \times 3\frac{1}{9} = \frac{\cancel{15}}{7} \times \frac{\cancel{28}}{\cancel{9}}$
$= \frac{20}{3} = 6\frac{2}{3}$

2 ❶ $1\frac{11}{21}\left(\frac{32}{21}\right)$ ❻ 1

❷ $1\frac{1}{54}\left(\frac{55}{54}\right)$ ❼ $\frac{7}{12}$

❸ $4\frac{8}{15}\left(\frac{68}{15}\right)$ ❽ $\frac{7}{8}$

❹ 4 ❾ 5

❺ $\frac{5}{7}$ ❿ $4\frac{1}{6}\left(\frac{25}{6}\right)$

⑬ 分数のかけ算(7)　P.25・26

1 ❶ $\frac{6}{7}$ ❻ $1\frac{4}{5}\left(\frac{9}{5}\right)$

❷ $\frac{8}{9}$ ❼ $2\frac{1}{3}\times4=\frac{\boxed{7}}{3}\times4$
　　　　$=\frac{\boxed{28}}{3}=9\frac{1}{3}$

❸ $\frac{\boxed{10}}{13}$ ❽ $4\frac{4}{5}\left(\frac{24}{5}\right)$

❹ $\frac{12}{17}$ ❾ $5\frac{1}{4}\left(\frac{21}{4}\right)$

❺ $\frac{6}{11}$ ❿ $9\frac{1}{7}\left(\frac{64}{7}\right)$

2 ❶ $\frac{1}{2}$ ❻ $3\frac{1}{3}\left(\frac{10}{3}\right)$

❷ $\frac{5}{6}$ ❼ $2\frac{1}{4}\times2=\frac{\boxed{9}}{\underset{2}{4}}\times\overset{1}{2}$
　　　　$=\frac{9}{2}=4\frac{1}{2}$

❸ $\frac{3}{7}$ ❽ $5\frac{1}{2}\left(\frac{11}{2}\right)$

❹ $\frac{2}{5}$ ❾ $4\frac{2}{3}\left(\frac{14}{3}\right)$

❺ $\frac{4}{7}$ ❿ $6\frac{2}{3}\left(\frac{20}{3}\right)$

> **アドバイス**　答えが仮分数になるとき，帯分数に直すと大きさがわかりやすくなります。

⑭ 分数のかけ算(8)　P.27・28

1 ❶ $\frac{3}{8}$ ❻ $\frac{14}{15}$

❷ $\frac{1}{2}$ ❼ $\frac{3}{14}$

❸ $1\frac{1}{20}\left(\frac{21}{20}\right)$ ❽ $1\frac{1}{2}\left(\frac{3}{2}\right)$

❹ 4 ❾ 14

❺ $5\frac{5}{6}\left(\frac{35}{6}\right)$ ❿ $2\frac{2}{3}\left(\frac{8}{3}\right)$

2 ❶ $\frac{1}{3}$ ❻ $\frac{1}{2}$

❷ $1\frac{1}{5}\left(\frac{6}{5}\right)$ ❼ $\frac{2}{3}$

❸ $\frac{9}{10}$ ❽ $\frac{32}{33}$

❹ $\frac{20}{21}$ ❾ $3\frac{1}{2}\left(\frac{7}{2}\right)$

❺ $6\frac{2}{3}\left(\frac{20}{3}\right)$ ❿ $7\frac{1}{2}\left(\frac{15}{2}\right)$

⑮ 分数のわり算(1)　P.29・30

1 ❶ $\frac{2}{5}\div\frac{3}{7}=\frac{2}{5}\times\frac{\boxed{7}}{3}$
　　　$=\frac{14}{15}$ ❻ $2\frac{3}{16}\left(\frac{35}{16}\right)$

❷ $\frac{15}{28}$ ❼ $\frac{18}{35}$

❸ $\frac{16}{35}$ ❽ $\frac{35}{36}$

❹ $1\frac{17}{18}\left(\frac{35}{18}\right)$ ❾ $1\frac{1}{35}\left(\frac{36}{35}\right)$

❺ $1\frac{17}{18}\left(\frac{35}{18}\right)$ ❿ $\frac{18}{35}$

2 ❶ $1\frac{5}{9}\left(\frac{14}{9}\right)$ ❻ $1\frac{1}{14}\left(\frac{15}{14}\right)$

❷ $2\frac{5}{8}\left(\frac{21}{8}\right)$ ❼ $1\frac{1}{35}\left(\frac{36}{35}\right)$

❸ $\frac{18}{35}$ ❽ $1\frac{17}{63}\left(\frac{80}{63}\right)$

❹ $\frac{3}{8}$ ❾ $1\frac{13}{32}\left(\frac{45}{32}\right)$

❺ $3\frac{1}{3}\left(\frac{10}{3}\right)$ ❿ $\frac{35}{48}$

⑯ 分数のわり算(2)　P.31・32

1 ❶ $4\frac{1}{6}\left(\frac{25}{6}\right)$ ❻ $1\frac{19}{20}\left(\frac{39}{20}\right)$

❷ $2\frac{2}{9}\left(\frac{20}{9}\right)$ ❼ $1\frac{17}{28}\left(\frac{45}{28}\right)$

❸ $5\frac{4}{9}\left(\frac{49}{9}\right)$ ❽ $1\frac{7}{8}\left(\frac{15}{8}\right)$

❹ $2\frac{1}{10}\left(\frac{21}{10}\right)$ ❾ $2\frac{13}{16}\left(\frac{45}{16}\right)$

❺ $2\frac{5}{8}\left(\frac{21}{8}\right)$ ❿ $2\frac{2}{35}\left(\frac{72}{35}\right)$

2 ❶ $\frac{4}{5}\div\frac{2}{3}=\frac{4}{5}\times\frac{3}{\underset{1}{2}}$
　　　$=\frac{6}{5}=1\frac{1}{5}$ ❻ $1\frac{1}{4}\left(\frac{5}{4}\right)$

❷ $1\frac{3}{4}\left(\frac{7}{4}\right)$ ❼ $1\frac{1}{14}\left(\frac{15}{14}\right)$

❸ $1\frac{2}{5}\left(\frac{7}{5}\right)$ ❽ $\frac{2}{3}$

❹ $2\frac{1}{3}\left(\frac{7}{3}\right)$ ❾ $\frac{7}{27}$

❺ $\frac{7}{10}$ ❿ $\frac{9}{13}$

1 ❶ $\frac{3}{4} \div \frac{5}{8} = \frac{3}{4} \times \frac{8}{5}$

       $= \frac{6}{5} = 1\frac{1}{5}$

❻ $1\frac{1}{20}\left(\frac{21}{20}\right)$

❷ $\frac{5}{6}$ ❼ $\frac{3}{8}$

❸ $1\frac{1}{14}\left(\frac{15}{14}\right)$ ❽ $\frac{6}{7}$

❹ $\frac{2}{5}$ ❾ $\frac{44}{45}$

❺ $3\frac{1}{2}\left(\frac{7}{2}\right)$ ❿ $\frac{15}{28}$

2 ❶ $1\frac{1}{3} \div \frac{6}{7} = \frac{4}{3} \times \frac{7}{6}$

       $= \frac{14}{9} = 1\frac{5}{9}$

❻ $3\frac{1}{7}\left(\frac{22}{7}\right)$

❷ $5\frac{1}{4}\left(\frac{21}{4}\right)$ ❼ $2\frac{1}{10}\left(\frac{21}{10}\right)$

❸ $5\frac{1}{5}\left(\frac{26}{5}\right)$ ❽ $1\frac{7}{20}\left(\frac{27}{20}\right)$

❹ $3\frac{1}{5}\left(\frac{16}{5}\right)$ ❾ $2\frac{4}{7}\left(\frac{18}{7}\right)$

❺ $2\frac{7}{8}\left(\frac{23}{8}\right)$ ❿ $5\frac{1}{3}\left(\frac{16}{3}\right)$

1 ❶ $1\frac{3}{4} \div 2\frac{2}{3} = \frac{7}{4} \div \frac{8}{3}$

       $= \frac{7}{4} \times \frac{3}{8}$

       $= \frac{21}{32}$

❻ $2\frac{3}{5} \div 1\frac{3}{4} = \frac{13}{5} \div \frac{7}{4}$

       $= \frac{13}{5} \times \frac{4}{7}$

       $= \frac{52}{35}$

       $= 1\frac{17}{35}$

❷ $\frac{21}{40}$ ❼ $2\frac{14}{15}\left(\frac{44}{15}\right)$

❸ $\frac{40}{49}$ ❽ $\frac{15}{56}$

❹ $\frac{39}{56}$ ❾ $1\frac{1}{8}\left(\frac{9}{8}\right)$

❺ $\frac{9}{20}$ ❿ $1\frac{5}{9}\left(\frac{14}{9}\right)$

2 ❶ $\frac{2}{3} \div 1\frac{1}{6} = \frac{2}{3} \div \frac{7}{6}$

       $= \frac{2}{3} \times \frac{6}{7}$

       $= \frac{4}{7}$

❺ $\frac{10}{21}$

❷ $1\frac{1}{5} \div 1\frac{1}{2} = \frac{6}{5} \div \frac{3}{2}$

       $= \frac{6}{5} \times \frac{2}{3}$

       $= \frac{4}{5}$

❻ $\frac{9}{10}$

❸ $\frac{10}{21}$ ❼ $\frac{8}{13}$

❹ $1\frac{1}{7}\left(\frac{8}{7}\right)$ ❽ $2\frac{2}{15}\left(\frac{32}{15}\right)$

> **アドバイス** 答えは帯分数まで求めていますが，仮分数のままでもよいです。

1 ❶ $\frac{1}{7} \div 2 = \frac{1}{7} \div \frac{2}{1}$

       $= \frac{1}{7} \times \frac{1}{2}$

       $= \frac{1}{14}$

❻ $3 \div \frac{4}{5} = 3 \times \frac{5}{4}$

       $= \frac{3}{1} \times \frac{5}{4}$

       $= 3\frac{3}{4}\left(\frac{15}{4}\right)$

❷ $\frac{1}{12}$ ❼ $9\frac{1}{3}\left(\frac{28}{3}\right)$

❸ $\frac{5}{6}$ ❽ $6\frac{2}{3}\left(\frac{20}{3}\right)$

❹ $\frac{6}{35}$ ❾ $8\frac{3}{4}\left(\frac{35}{4}\right)$

❺ $\frac{3}{50}$ ❿ $6\frac{2}{5}\left(\frac{32}{5}\right)$

2 ❶ $\frac{4}{7} \div 2 = \frac{4}{7} \times \frac{1}{2}$

       $= \frac{2}{7}$

❻ $3 \div \frac{3}{4} = \frac{3}{1} \times \frac{4}{3}$

       $= 4$

❷ $\frac{2}{7}$

❸ $\frac{5}{14}$

❼ 9

❽ $4 \div 2\frac{2}{3} = 4 \div \frac{8}{3}$

       $= \frac{4}{1} \times \frac{3}{8}$

       $= \frac{3}{2} = 1\frac{1}{2}$

❹ $\frac{3}{20}$ ❾ $1\frac{4}{5}\left(\frac{9}{5}\right)$

❺ $\frac{3}{80}$ ❿ $8\frac{4}{5}\left(\frac{44}{5}\right)$

1 ❶ $\dfrac{8}{21} \div \dfrac{4}{7} = \dfrac{\overset{2}{\cancel{8}}}{\cancel{21}} \times \dfrac{\overset{\boxed{1}}{\cancel{7}}}{\cancel{4}} = \dfrac{2}{3}$

❷ $\dfrac{8}{21} \div \dfrac{2}{7} = \dfrac{\overset{4}{\cancel{8}}}{\cancel{21}} \times \dfrac{\overset{1}{\cancel{7}}}{\cancel{2}} = \dfrac{4}{3} = 1\dfrac{1}{3}$

❸ $\dfrac{2}{3}$

❹ $1\dfrac{1}{2}\left(\dfrac{3}{2}\right)$

❺ $1\dfrac{1}{5}\left(\dfrac{6}{5}\right)$

❻ $\dfrac{2}{3}$

❼ $\dfrac{5}{8}$

❽ $\dfrac{5}{6}$

2 ❶ $2\dfrac{1}{4} \div \dfrac{3}{8} = \dfrac{\overset{3}{\cancel{9}}}{\cancel{4}} \times \dfrac{\overset{2}{\cancel{8}}}{\cancel{3}} = 6$

❷ 2

❸ 4

❹ $2\dfrac{2}{3}\left(\dfrac{8}{3}\right)$

❺ $2\dfrac{1}{4}\left(\dfrac{9}{4}\right)$

❻ $1\dfrac{1}{8} \div \dfrac{3}{4} = \dfrac{9}{8} \div \dfrac{3}{4} = \dfrac{\overset{3}{\cancel{9}}}{\cancel{8}} \times \dfrac{\overset{1}{\cancel{4}}}{\cancel{3}} = \dfrac{3}{2} = 1\dfrac{1}{2}$

❼ $2\dfrac{2}{9} \div \dfrac{5}{6} = \dfrac{20}{9} \div \dfrac{5}{6} = \dfrac{\overset{4}{\cancel{20}}}{\cancel{9}} \times \dfrac{\overset{2}{\cancel{6}}}{\cancel{5}} = \dfrac{8}{3} = 2\dfrac{2}{3}$

❽ 2

❾ $4\dfrac{1}{2}\left(\dfrac{9}{2}\right)$

❿ $2\dfrac{2}{5}\left(\dfrac{12}{5}\right)$

1 ❶ $2\dfrac{2}{3} \div 1\dfrac{1}{9} = \dfrac{8}{3} \div \dfrac{10}{9} = \dfrac{\overset{4}{\cancel{8}}}{\cancel{3}} \times \dfrac{\overset{3}{\cancel{9}}}{\cancel{10}} = \dfrac{12}{5} = 2\dfrac{2}{5}$

❷ $\dfrac{2}{3}$

❸ $\dfrac{3}{5}$

❹ 3

❺ $\dfrac{5}{9} \div 1\dfrac{2}{3} = \dfrac{5}{9} \div \dfrac{5}{3} = \dfrac{\overset{1}{\cancel{5}}}{\cancel{9}} \times \dfrac{\overset{1}{\cancel{3}}}{\cancel{5}} = \dfrac{1}{3}$

❻ $\dfrac{1}{6}$

❼ 2

❽ $\dfrac{2}{3}$

2 ❶ $2\dfrac{1}{10}\left(\dfrac{21}{10}\right)$

❷ $\dfrac{1}{2}$

❸ $2\dfrac{2}{3}\left(\dfrac{8}{3}\right)$

❹ $1\dfrac{1}{20}\left(\dfrac{21}{20}\right)$

❺ $\dfrac{3}{4}$

❻ $\dfrac{11}{14}$

❼ $\dfrac{3}{7}$

❽ $1\dfrac{1}{3}\left(\dfrac{4}{3}\right)$

❾ $2\dfrac{1}{2}\left(\dfrac{5}{2}\right)$

❿ $\dfrac{6}{7}$

1 ❶ $\dfrac{20}{21}$

❷ $2\dfrac{2}{9}\left(\dfrac{20}{9}\right)$

❸ $\dfrac{1}{15}$

❹ $1\dfrac{1}{3}\left(\dfrac{4}{3}\right)$

❺ $\dfrac{1}{2}$

❻ $1\dfrac{1}{2}\left(\dfrac{3}{2}\right)$

❼ 4

❽ $\dfrac{2}{3}$

❾ 2

❿ $2\dfrac{1}{2}\left(\dfrac{5}{2}\right)$

2 ❶ $\dfrac{5}{9}$

❷ $2\dfrac{5}{8}\left(\dfrac{21}{8}\right)$

❸ $1\dfrac{4}{5}\left(\dfrac{9}{5}\right)$

❹ $\dfrac{7}{24}$

❺ $7\dfrac{1}{5}\left(\dfrac{36}{5}\right)$

❻ $\dfrac{9}{16}$

❼ $\dfrac{3}{8}$

❽ $\dfrac{2}{9}$

❾ $\dfrac{3}{4}$

❿ $\dfrac{8}{11}$

1 ❶ $\dfrac{3}{4} \times \dfrac{2}{5} \times \dfrac{5}{9} = \dfrac{\cancel{3}}{\underset{2}{\cancel{4}}} \times \dfrac{\cancel{2}}{\cancel{5}} \times \dfrac{\cancel{5}}{\underset{3}{\cancel{9}}} = \dfrac{\boxed{1}}{6}$

❷ $\dfrac{2}{15}$

❸ $\dfrac{1}{24}$

❹ $\dfrac{1}{6} \times \dfrac{2}{5} \times \dfrac{3}{7} = \dfrac{\cancel{1}}{\underset{3}{\cancel{6}}} \times \dfrac{\cancel{2}}{5} \times \dfrac{3}{7} = \dfrac{1}{35}$

❺ $\dfrac{1}{11}$

❻ $\dfrac{1}{5} \times \dfrac{2}{3} \times 3\dfrac{1}{2} = \dfrac{1}{5} \times \dfrac{\cancel{2}}{3} \times \dfrac{\overset{7}{\cancel{7}}}{\underset{1}{\cancel{2}}} = \dfrac{7}{15}$

❼ $\dfrac{2}{9}$

❽ $\dfrac{1}{5}$

❾ 3

❿ 3

2 ❶ $\frac{1}{2}$　❻ 30

❷ 2　❼ 5

❸ $1\frac{7}{8} \times \frac{4}{15} \times 1\frac{2}{3} = \frac{15}{8} \times \frac{4}{15} \times \frac{5}{3} = \frac{5}{6}$　❽ 9

❹ 27　❾ $2\frac{4}{5}\left(\frac{14}{5}\right)$

❺ $\frac{2}{5}$　❿ 15

㉔ 3つの分数のかけ算・わり算(2)　P.47・48

1 ❶ $\frac{5}{7} \times \frac{2}{5} \div \frac{2}{7} = \frac{5}{7} \times \frac{2}{5} \times \frac{7}{2} = 1$

❷ $1\frac{2}{3}\left(\frac{5}{3}\right)$

❸ 1

❹ $5\frac{5}{9}\left(\frac{50}{9}\right)$

❺ $\frac{1}{5} \times \frac{6}{7} \div 2\frac{2}{5} = \frac{1}{5} \times \frac{6}{7} \times \frac{5}{12} = \frac{1}{14}$

❻ $\frac{2}{9}$

❼ $\frac{3}{7} \div 5\frac{1}{7} \times 2\frac{2}{3} = \frac{3}{7} \times \frac{7}{36} \times \frac{8}{3} = \frac{2}{9}$

❽ $4\frac{2}{5}\left(\frac{22}{5}\right)$

❾ $4\frac{2}{5}\left(\frac{22}{5}\right)$

❿ $\frac{1}{10}$

2 ❶ $\frac{7}{24} \div \frac{7}{8} \div \frac{2}{5} = \frac{7}{24} \times \frac{8}{7} \times \frac{5}{2} = \frac{5}{6}$　❻ $\frac{2}{3}$

❷ 3　❼ 1

❸ $\frac{3}{5}$　❽ $\frac{1}{10}$

❹ $1\frac{1}{39}\left(\frac{40}{39}\right)$　❾ $1\frac{1}{2}\left(\frac{3}{2}\right)$

❺ $\frac{2}{7}$　❿ $\frac{11}{32}$

㉕ ( ),+,−,×,÷のまじった計算(1)　P.49・50

1 ❶ $\left(\frac{1}{4}+\frac{1}{6}\right) \times \frac{3}{5} = \left(\frac{3}{12}+\frac{2}{12}\right) \times \frac{3}{5}$
$= \frac{5}{12} \times \frac{3}{5} = \frac{1}{4}$

❷ $\frac{1}{3}$

❸ $2 \times \left(\frac{1}{2}-\frac{1}{3}\right) = 2 \times \left(\frac{3}{6}-\frac{2}{6}\right) = \frac{2}{1} \times \frac{1}{6} = \frac{1}{3}$

❹ $\frac{1}{6}$

❺ $\frac{1}{6}$

❻ 2

❼ 4

❽ $1\frac{1}{11}\left(\frac{12}{11}\right)$

❾ $1\frac{1}{2} \times \left(\frac{1}{9}+\frac{1}{3}\right) = \frac{3}{2} \times \left(\frac{1}{9}+\frac{3}{9}\right)$
$= \frac{3}{2} \times \frac{4}{9} = \frac{2}{3}$

❿ $\frac{6}{7}$

2 ❶ $10 - \frac{2}{3} \times 6 = 10 - 4 = 6$　❻ 3

❷ $5 \times \frac{2}{3} + 2\frac{1}{3} = \frac{10}{3} + 2\frac{1}{3}$
$= 3\frac{1}{3} + 2\frac{1}{3} = 5\frac{2}{3}$　❼ $3\frac{1}{3}\left(\frac{10}{3}\right)$

❸ $7\frac{6}{7}\left(\frac{55}{7}\right)$　❽ 8

❹ $\frac{1}{6}$　❾ $1\frac{1}{2}\left(\frac{3}{2}\right)$

❺ 1　❿ $6\frac{2}{9}\left(\frac{56}{9}\right)$

㉖ ( ),+,−,×,÷のまじった計算(2)　P.51・52

1 ❶ $\frac{2}{5} \times 3 + 1 = \frac{6}{5} + 1$
$= 1\frac{1}{5} + 1 = 2\frac{1}{5}$　❻ 1

❷ $6\frac{1}{3}\left(\frac{19}{3}\right)$　❼ $1\frac{4}{5}\left(\frac{9}{5}\right)$

❸ $5\frac{1}{2}\left(\frac{11}{2}\right)$　❽ $2\frac{1}{3}\left(\frac{7}{3}\right)$

❹ $2\frac{2}{3}\left(\frac{8}{3}\right)$　❾ $3\frac{1}{5}\left(\frac{16}{5}\right)$

❺ $3\frac{1}{3}\left(\frac{10}{3}\right)$　❿ $\frac{1}{6}$

2
❶ $\left(\dfrac{1}{3}+2\right)\times\dfrac{1}{3}=\dfrac{\boxed{7}}{3}\times\dfrac{1}{3}=\dfrac{7}{9}$ ❻ $\dfrac{2}{3}$

❷ $\dfrac{3}{4}$ ❼ $\dfrac{1}{3}$

❸ $8\dfrac{2}{3}\left(\dfrac{26}{3}\right)$ ❽ $\dfrac{1}{3}$

❹ $\dfrac{1}{8}$ ❾ $\dfrac{4}{5}$

❺ $\dfrac{2}{5}$ ❿ $\dfrac{1}{4}$

㉗ ( ),＋,－,×,÷のまじった計算(3)　P.53・54

1
❶ $\left(\dfrac{1}{6}+\dfrac{1}{4}\right)\times2=\dfrac{5}{\underset{6}{12}}\times\dfrac{\overset{2}{2}}{1}=\dfrac{5}{6}$ ❻ $\dfrac{1}{4}$

❷ $\dfrac{5}{24}$ ❼ $\dfrac{3}{5}$

❸ 54 ❽ $2\dfrac{3}{7}\left(\dfrac{17}{7}\right)$

❹ $2\dfrac{11}{12}\left(\dfrac{35}{12}\right)$ ❾ $9\dfrac{11}{14}\left(\dfrac{137}{14}\right)$

❺ $1\dfrac{7}{12}\left(\dfrac{19}{12}\right)$ ❿ $\dfrac{1}{10}$

2
❶ $13\times8+13\times2=13\times(\boxed{8}+\boxed{2})=130$

❷ $12\times15-2\times15=(\boxed{12}-\boxed{2})\times15=150$

❸ $48\div3-42\div3=(\boxed{48}-\boxed{42})\div3=2$

❹ $6\times1\dfrac{1}{2}-6\times\dfrac{1}{3}=6\times\left(1\dfrac{1}{2}-\dfrac{1}{3}\right)=\dfrac{\overset{1}{6}}{1}\times\dfrac{7}{\underset{1}{6}}=7$

❺ 7

❻ $\dfrac{1}{2}\times20+1\dfrac{1}{5}\times20=\left(\dfrac{1}{2}+1\dfrac{1}{5}\right)\times20$

$=\dfrac{17}{10}\times\dfrac{\overset{2}{20}}{\underset{1}{1}}=34$

❼ 34

❽ 8

❾ 36

❿ $1\dfrac{5}{9}\left(\dfrac{14}{9}\right)$

㉘ ( ),＋,－,×,÷のまじった計算(4)　P.55・56

1
❶ $\dfrac{1}{3}+\dfrac{1}{2}\times5=\dfrac{1}{3}+\dfrac{5}{2}=\dfrac{2}{6}+2\dfrac{3}{6}=2\dfrac{5}{6}\left(\dfrac{17}{6}\right)$

❷ $4\dfrac{1}{6}\left(\dfrac{25}{6}\right)$

❸ 68

❹ $\dfrac{5}{6}\times\dfrac{1}{3}-\dfrac{7}{12}\times\dfrac{1}{3}=\left(\dfrac{5}{6}-\dfrac{7}{12}\right)\times\dfrac{1}{3}$

$=\left(\dfrac{10}{12}-\dfrac{7}{12}\right)\times\dfrac{1}{3}=\dfrac{\overset{1}{3}}{12}\times\dfrac{1}{\underset{1}{3}}=\dfrac{1}{12}$

❺ $\dfrac{5}{32}$

---

❻ 1

❼ 1

❽ $\dfrac{1}{4}\div\dfrac{1}{8}\times\dfrac{1}{6}=\dfrac{1}{\underset{1}{4}}\times\dfrac{\overset{2}{8}}{1}\times\dfrac{1}{\underset{3}{6}}=\dfrac{1}{3}$

❾ $\dfrac{1}{3}$

❿ 1

2
❶ $1\dfrac{5}{6}\times1\dfrac{1}{5}\div1\dfrac{2}{5}=\dfrac{11}{6}\times\dfrac{\overset{1}{6}}{5}\times\dfrac{5}{7}$ ❻ $3\dfrac{3}{10}\left(\dfrac{33}{10}\right)$

$=\dfrac{11}{7}=1\dfrac{4}{7}$

❷ $1\dfrac{4}{7}\left(\dfrac{11}{7}\right)$ ❼ $\dfrac{17}{24}$

❸ 9 ❽ $\dfrac{5}{24}$

❹ $1\dfrac{3}{8}\left(\dfrac{11}{8}\right)$ ❾ $1\dfrac{2}{5}\left(\dfrac{7}{5}\right)$

❺ $\dfrac{3}{14}$ ❿ $\dfrac{13}{40}$

㉙ ( ),＋,－,×,÷のまじった計算(5)　P.57・58

1
❶ $\dfrac{1}{2}$ ❻ $\dfrac{3}{5}$

❷ $\dfrac{2}{15}$ ❼ $1\dfrac{3}{10}\left(\dfrac{13}{10}\right)$

❸ $\dfrac{1}{2}$ ❽ $\dfrac{1}{2}$

❹ $1\dfrac{1}{12}\left(\dfrac{13}{12}\right)$ ❾ $\dfrac{1}{15}$

❺ $\dfrac{1}{5}$ ❿ $3\dfrac{2}{9}\left(\dfrac{29}{9}\right)$

2
❶ $\dfrac{2}{3}$ ❻ $\dfrac{1}{7}$

❷ $2\dfrac{1}{4}\left(\dfrac{9}{4}\right)$ ❼ $\dfrac{4}{9}$

❸ $1\dfrac{1}{9}\left(\dfrac{10}{9}\right)$ ❽ $1\dfrac{1}{2}\left(\dfrac{3}{2}\right)$

❹ $\dfrac{4}{5}$ ❾ $\dfrac{5}{7}$

❺ $1\dfrac{1}{24}\left(\dfrac{25}{24}\right)$ ❿ $\dfrac{4}{9}$

㉚ 分数と小数の計算（1）　　P.59・60

1 ❶$0.2 \times \dfrac{5}{6} = \dfrac{2}{10} \times \dfrac{5}{6}$

$= \dfrac{\boxed{1}}{\underset{1}{5}} \times \dfrac{5}{6} = \dfrac{1}{6}$

❷$\dfrac{2}{5}$　　　　　　　　❻$\dfrac{1}{8}$

❸$\dfrac{2}{35}$　　　　　　　❼$8\dfrac{3}{4}\left(\dfrac{35}{4}\right)$

❹$0.25 \times 3\dfrac{1}{5} = \dfrac{\boxed{1}}{\underset{1}{4}} \times \dfrac{\overset{4}{\boxed{16}}}{5} = \dfrac{4}{5}$　　❽$2$

❺$0.15 \times 40 = \dfrac{\boxed{3}}{20} \times \dfrac{\overset{2}{\boxed{40}}}{1} = 6$　　❾$12$

　　　　　　　　　　　　　　　　❿$\dfrac{1}{3}$

2 ❶$0.4 \times \dfrac{5}{8} = \dfrac{\overset{1}{2}}{5} \times \dfrac{5}{\underset{4}{8}} = \dfrac{1}{4}$　　❻$\dfrac{3}{5}$

❷$\dfrac{1}{10}$　　　　　　　　❼$\dfrac{4}{5}$

❸$\dfrac{3}{4}$　　　　　　　　❽$24$

❹$5$　　　　　　　　　　　❾$5\dfrac{1}{5}\left(\dfrac{26}{5}\right)$

❺$81$　　　　　　　　　　❿80

㉛ 分数と小数の計算（2）　　P.61・62

1 ❶$0.6 \div \dfrac{2}{3} = \dfrac{3}{5} \div \dfrac{2}{3}$

$= \dfrac{3}{5} \times \dfrac{3}{2}$

$= \dfrac{9}{10}$

❷$1\dfrac{1}{5}\left(\dfrac{6}{5}\right)$

❸$2\dfrac{7}{10}\left(\dfrac{27}{10}\right)$

❹$1$

❺$1\dfrac{1}{2}\left(\dfrac{3}{2}\right)$

❻$1\dfrac{2}{3} \div 0.5 = \dfrac{5}{3} \div \dfrac{1}{2}$

$= \dfrac{5}{3} \times \dfrac{2}{1}$

$= \dfrac{10}{3} = 3\dfrac{1}{3}$

❼$\dfrac{1}{2}$

❽$5$

❾$25$

❿5

2 ❶$0.25 \div \dfrac{2}{3} = \dfrac{1}{4} \div \dfrac{2}{3}$

$= \dfrac{1}{4} \times \dfrac{3}{2}$

$= \dfrac{3}{8}$

❷$1\dfrac{1}{2}\left(\dfrac{3}{2}\right)$　　　　　❼$\dfrac{1}{3}$

❸$\dfrac{7}{12}$　　　　　　　　❽$\dfrac{5}{7}$

❹$2$　　　　　　　　　　　❾$2$

❺$6$　　　　　　　　　　　❿5

㉜ 分数と小数の計算（3）　　P.63・64

1 ❶$1\dfrac{1}{3} \times 1.5 \times \dfrac{5}{8} = \dfrac{\overset{1}{4}}{3} \times \dfrac{\overset{1}{3}}{2} \times \dfrac{5}{\underset{2}{8}} = \dfrac{\boxed{5}}{4} = 1\dfrac{\boxed{1}}{4}$

❷$2\dfrac{2}{5}\left(\dfrac{12}{5}\right)$

❸$6\dfrac{1}{4}\left(\dfrac{25}{4}\right)$

❹$27$

❺$\dfrac{2}{3}$

❻$\dfrac{1}{2}$

❼$\dfrac{4}{9}$

❽$8$

❾$\dfrac{1}{5}$

❿$\dfrac{8}{9} \times 1.8 \times 3\dfrac{3}{4} \times 0.25 = \dfrac{8}{9} \times \dfrac{9}{5} \times \dfrac{15}{4} \times \dfrac{1}{4}$

$= \dfrac{3}{2} = 1\dfrac{1}{2}$

2 ❶$\dfrac{3}{4} \times \dfrac{3}{5} \div 0.2 = \dfrac{3}{4} \times \dfrac{3}{5} \times \dfrac{5}{1}$

$= \dfrac{9}{4} = 2\dfrac{1}{4}$　　❻$1$

❷$\dfrac{1}{5}$　　　　　　　　❼$\dfrac{1}{2}$

❸$7$　　　　　　　　　　　❽$5\dfrac{5}{9}\left(\dfrac{50}{9}\right)$

❹$36$　　　　　　　　　　❾$1\dfrac{4}{7}\left(\dfrac{11}{7}\right)$

❺$\dfrac{3}{16}$　　　　　　　　❿$\dfrac{11}{70}$

㉝ 分数と小数の計算（4）　　P.65・66

1 ❶$\dfrac{2}{3} \div 0.75 \div 2\dfrac{2}{3} = \dfrac{2}{3} \times \dfrac{4}{3} \times \dfrac{3}{8}$

$= \dfrac{1}{3}$

❷$\dfrac{1}{30}$　　　　　　　　❼$\dfrac{1}{50}$

❸$\dfrac{1}{9}$　　　　　　　　❽$\dfrac{2}{5}$

❹$2\dfrac{1}{2}\left(\dfrac{5}{2}\right)$　　　　　❾$1\dfrac{1}{3}\left(\dfrac{4}{3}\right)$

❺$\dfrac{1}{4}$　　　　　　　　❿8

❻$2\dfrac{8}{21}\left(\dfrac{50}{21}\right)$

2 ① $\left(1\frac{4}{5}-0.6\right)\div\frac{3}{5}=\left(1\frac{4}{5}-\frac{3}{5}\right)\times\frac{5}{3}$

$=\frac{6}{5}\times\frac{5}{3}=2$

② $\frac{7}{10}$

③ $\frac{2}{3}\times1.5\times1\frac{7}{8}=\frac{2}{3}\times\frac{3}{2}\times\frac{15}{8}=\frac{15}{8}=1\frac{7}{8}$

④ $1\frac{11}{25}\left(\frac{36}{25}\right)$

⑤ $\frac{3}{25}$

⑥ $\frac{1}{2}$

⑦ $8\frac{1}{3}\left(\frac{25}{3}\right)$

⑧ $4\frac{5}{24}\left(\frac{101}{24}\right)$

⑨ 3

⑩ $1\frac{13}{22}\left(\frac{35}{22}\right)$

34 しんだんテスト
P.67・68

1 ① $1\frac{19}{30}\left(\frac{49}{30}\right)$ ④ 2

② $7\frac{1}{2}\left(\frac{15}{2}\right)$ ⑤ $\frac{14}{27}$

③ $\frac{35}{54}$ ⑥ $1\frac{17}{28}\left(\frac{45}{28}\right)$

2 ① $\frac{9}{10}$ ④ $1\frac{1}{7}\left(\frac{8}{7}\right)$

② $2\frac{5}{8}\left(\frac{21}{8}\right)$ ⑤ 3

③ $4\frac{2}{3}\left(\frac{14}{3}\right)$ ⑥ $\frac{39}{56}$

3 ① $\frac{3}{8}$ ② $\frac{1}{2}$

4 ① 5 ③ 27

② 4 ④ $\frac{2}{15}$

5 ① $4\frac{5}{21}\left(\frac{89}{21}\right)$ ③ $2\frac{1}{12}\left(\frac{25}{12}\right)$

② $3\frac{1}{5}\left(\frac{16}{5}\right)$ ④ $2\frac{1}{2}\left(\frac{5}{2}\right)$

アドバイス

1 でまちがえた人は，「分数のかけ算」から，もう一度復習してみましょう。

2 でまちがえた人は，「分数のわり算」から，もう一度復習してみましょう。

3 でまちがえた人は，「3つの分数のかけ算・わり算」から，もう一度復習してみましょう。

4，5 でまちがえた人は，「分数と小数の計算」から，もう一度復習してみましょう。

35 発展問題
P.69・70

1 ① $2\frac{11}{126}\left(\frac{263}{126}\right)$

② 0

③ $\frac{4}{15}$

④ $\frac{11}{12}$

⑤ $2\frac{2}{3}-1\frac{2}{5}\times\left\{\frac{1}{2}-\left(\frac{3}{4}-\frac{2}{3}\right)\right\}$

$=2\frac{2}{3}-1\frac{2}{5}\times\left\{\frac{1}{2}-\left(\frac{9}{12}-\frac{8}{12}\right)\right\}$

$=2\frac{2}{3}-1\frac{2}{5}\times\left\{\frac{6}{12}-\frac{1}{12}\right\}=2\frac{2}{3}-\frac{7}{5}\times\frac{5}{12}$

$=2\frac{8}{12}-\frac{7}{12}=2\frac{1}{12}\left(\frac{25}{12}\right)$

2 ① $3\frac{1}{5}\left(\frac{16}{5}\right)$

② 8

③ $3\frac{1}{2}\left(\frac{7}{2}\right)$

④ 3

⑤ $\left\{\left(1\frac{2}{7}-0.4\right)\times2\frac{1}{2}\div\frac{3}{14}+0.375\right\}\times24$

$=\left\{\left(1\frac{2}{7}-\frac{2}{5}\right)\times\frac{5}{2}\times\frac{14}{3}+\frac{3}{8}\right\}\times24$

$=\left\{\left(1\frac{10}{35}-\frac{14}{35}\right)\times\frac{35}{3}+\frac{3}{8}\right\}\times24$

$=\left\{\frac{31}{35}\times\frac{35}{3}+\frac{3}{8}\right\}\times24$

$=\left\{\frac{248}{24}+\frac{9}{24}\right\}\times24=257$

アドバイス
先に（　）の中，次に｛　｝の中の順で計算します。